心理学与生活

CHANGE YOUR LIFE WITH CBT

How Cognitive Behavioural Therapy
Can Transform Your Life

认知与改变

CBT对情绪和行为的积极影响

［英］柯瑞妮·斯威特（Corinne Sweet）◎ 著

段鑫星等 ◎ 译

人民邮电出版社
北京

图书在版编目（ＣＩＰ）数据

认知与改变：CBT对情绪和行为的积极影响 ／（英）斯威特（Sweet，C.）著；段鑫星等译. -- 北京：人民邮电出版社，2016.5
（心理学与生活）
ISBN 978-7-115-42213-2

Ⅰ.①认… Ⅱ.①斯… ②段… Ⅲ.①情绪－自我控制 Ⅳ.①B842.6

中国版本图书馆CIP数据核字(2016)第075194号

内 容 提 要

你是否总是怀疑自己？你是否经常妄自菲薄，不愿与人交流？你是否总是郁郁寡欢，情绪低落？你是否想要改变目前的状况？你是否想要改变却又不得其法？如果答案为"是"，那么这本书就是你所需要的。

本书作者为资深的心理学专家，通过自己的实践和工作经验，为读者介绍了心理学中的认知行为疗法（CBT），并利用丰富的案例和图示将这种方法形象地展示出来，可读性和可操作性非常强。阅读本书可以帮助你解决生活中遇到的各种困扰，让你生活得更加快乐。其实，改变生活的力量就掌握在自己的手中，而你可以从本书中找到这种力量。

本书适合在生活中、工作中遇到心理困惑的人，以及心理咨询师和心理学专业的读者阅读使用。

◆著　　　　[英]柯瑞妮·斯威特（Corinne Sweet）
　　译　　　　段鑫星等
　　责任编辑　姜　珊
　　执行编辑　贾淑艳
　　责任印制　焦志炜

◆人民邮电出版社出版发行　　北京市丰台区成寿寺路 11 号
　　邮编　100164　　电子邮件　315@ptpress.com.cn
　　网址　http://www.ptpress.com.cn
　　固安县铭成印刷有限公司印刷

◆开本：880×1230　1/32
　　印张：9　　　　　　　　　　　　2016 年 5 月第 1 版
　　字数：200 千字　　　　　　　　2025 年 6 月河北第 45 次印刷
　　　　著作权合同登记号　图字：01-2012-0314 号

定　价：59.80 元
读者服务热线：（010）81055656　印装质量热线：（010）81055316
反盗版热线：（010）81055315

认识自己的内心与行为

北京师范大学心理学院教授　寇彧

在过去的 20 多年间，认知行为疗法已经成为心理卫生专业人员用来处理大多数情感和行为问题的首选方法。这是因为，世界各地的精神科医生和心理学研究人员所进行的数以百计的研究已经表明，认知行为疗法（CBT）对于处理广泛的心理问题和心理障碍是有效的。

由于职业的原因，经常会有朋友或是学生向我咨询日常生活中的心理困惑。比如，有人说他总是为某个问题左思右想，焦躁不安，可后来发现事情并没有自己担心的那么严重；有人说他常常担心自己会得病，不敢这样，不敢那样，甚至无法正常生活；有人说她从小就害怕蜘蛛，因此不敢在墙角处停留，甚至看见墙角就有莫名的恐惧；有人说他总是对妻子发怒，虽然事后他知道这样不对，也想竭力克制，但他下次还是忍不住；有人说她每次出门都担心门没有锁好，需要反复不停地确认，甚至走出了好远还要返回去再一次确认，这使她十分困扰；还有人说他在工作中很难跟同事打成一片，不敢在会上发言，他无法从工作中获得乐趣……问题还有很多。这些都是难免的，我们会遇到挫折，我们会感到不安、郁闷、焦虑或是其他。深入剖析一下，我们就会发现，其实人们对于问题的反应，很大程度上取决于怎样看待这些问题。有时，哪怕我们的处境没那么糟糕，问题没那么棘手，但只要我们以一种消极的、自我折磨的方式来思考，就会使自己感到非常痛苦，甚至陷于其中无法自拔。

认知行为疗法认为，人们之所以会感到愤怒、焦虑、内疚、害羞、受挫或者抑郁，都是人们的认知使然——是人们对于某种情况的想法和观念使他们产生了某种感受，可以说是"庸人自扰之"。那么，这样说来，这也不全是坏事，至少我们知道，要想摆脱这些负面情绪，最终还得靠我们自己！而且，这是通过我们的努力就可以做到的事情！也许让我们改变他人或改变世界是非常困难的，但是让我们改变自己却是可以做到的。我们可以改变自己的思维方式。如果我们学会用一种更积极、更健康的方式来思考，也许就不会一遇到问题就自寻烦恼。

认知行为疗法的英文是"Cognitive Behavioural Therapy"，常以

英文缩写"CBT"代称。字母C代表认知，即人们对于自身处境和发生在生活中的事件是如何看待的，以及由此逐渐发展成的对事物的普遍看法。这种普遍的看法会影响我们的行为，进而再影响我们的认知，如此反复。例如，那些一遇到心跳加速就认为自己得了心脏病的人，其行为就会变得异常敏感和谨小慎微，与觉得偶尔心跳加速是正常现象的人相比，他们会更经常地对死亡感到恐慌。再比如，那些一遇到挫折就万念俱灰的人，会对很多事情不感兴趣，觉得自己什么都做不好，做什么都没劲；与那些将遭遇挫折看成是小麻烦的人相比，他们更容易感到沮丧和自卑……认知行为疗法就是要帮助人们更清楚地看待问题，同时调整你思考、认知问题的角度，从而让你用正确的态度和行为面对问题或是其他。认知行为疗法并不会告诉你什么是正确的、什么是错误的，而是引导你一步一步地发现自己，认识到"心跳加速"不会要了你的命，"挫折"只是个小困难，它们并不值得你为此郁郁寡欢。

字母B代表一种行为的探究。认知行为疗法会协助求助者理解做哪些事会使他们安全，哪些行为是更为合理的。例如，让社会恐惧症患者认识到对着大家讲话并不那么可怕；让惧旷症患者知道外出并不会有什么令人焦虑的事情发生……CBT的主要观念就是帮助人们体会：改变一些观念和行为是安全的，也是有效的。

然而，认知行为疗法并不是心理疾病患者的"救世主"，它的疗效并不是立竿见影的。如果你不想付出努力，或是想一夜成功，那么认知行为疗法不是你的选择。这本书带给你的是一种简洁明了的方法，需要你一次一小步地做出改变，并且需要你坚持下去。

我很高兴看到有这样一本书出版，也乐见认知行为疗法得以推广。希望广大读者能够从这样一种心理自助方法中受益！

CHANGE YOUR LIFE with **推荐序 2**

CBT

改变认知，营造美好生活

海军总医院心理科主任　郭勇

在咨询中，我经常让求助者思考一个问题：我们在家做过饭，也在餐馆吃过饭，然而我们做的某些饭菜却不如餐馆做的好吃，这是什么原因？答案五花八门。我认为关键在于两个方面：(1) 我们有没有想把饭菜做好的意识；(2) 我们有没有能把饭菜做好的能力。由于这两个方面的差异，餐馆在没有鱼的情况下，可以把茄子做成鱼香茄子，味道也很不错，而现实生活中，有的人家中有鱼，不止一种，不止一条，但他做不出鱼的味道来。做饭做菜如此，生活更是如此！全世界所有人都面对着两个基本问题：第一，我们有想

I

把日子过好的意识吗？第二，我们有能把日子过好的能力吗？答案不出所料，太多的人没有，太多的人不能。因此也就有太多的人过不好日子！

几乎所有的人都明白：日子是自己过的。但怎样把自己的日子过好，不是人人都知道的。心理学常识告诉我们，认知引领行为，认知改变情绪。因此通过改变认知，就可以改变以往我们没有过好的日子。

某个人郁郁寡欢，不停地抱怨他所开的车小，跑不快，不舒服，等等。显然他的日子没有过好。他自己不清楚，他没有过好日子的原因是他片面地看问题。他总是聚焦于事物不好的一面。他的车是一辆普通的车，确实很小、跑不快、不够舒服，但购买成本低、使用成本低、维护方便，这些好的一面他看不见，因而不舒服。这个人即使今后买了豪车，依然会不舒服，因为那时他看到的会是一年多少万元的保险，以及高昂的使用、维修费用。因此他过得好不好与开什么样的车无关，而与他看重什么有关。这就是认知，这就是认知改变生活。

像这样的例子，生活中比比皆是。既然认知影响我们的生活，那么我们应该怎样去认知呢？中国矿业大学的段鑫星教授做了一件非常有意义的事情，她把英国心理学家柯瑞妮·斯威特的著作翻译过来，介绍给国内的读者，让我们能够直接也较为系统地知晓，我们的认知，也就是我们的态度、看法、评价，到底出现了哪些偏差甚至错误，导致了我们的生活发生了怎样的改变；我们到底应该怎样去看待我们自己、外面的世界以及它们之间的联系等。

读懂这本书，对我们来说至关重要。因为这本身就是学习的过程、思考的过程，也是成长的过程。我们会因读懂这本书而获得心理成长，更会因心理成长而受益。读懂这本书对于我们想拥有健康、快乐、幸福的生活是有益的。

　　《认知与改变》一书，值得所有人阅读。若你用心去读，将会改变今后的人生。

CHANGE YOUR LIFE with 前言
CBT

初见"认知行为疗法"（CBT）这个词，可能很多人都会被其中的"疗法"两个字所吓到。其实大可不必，说白了，这就是一种方法，一种能让你变得快乐、让生活变得美好的方法！

那什么是认知行为疗法呢？

通俗地说，认知行为疗法既不关注我们的睡姿，也不剖析我们的过去，更不解梦；而是关注当下，关注我们自己，从而更好地发现自己。认知行为疗法让我们更好地觉察自我，使我们在感知、思考、行动的时候能准确地发现自己，正是这个"自己"让我们在特定的情形下用一定的方式行动。认知行为疗法就是要让我们学会更加自觉、合理地认识自我，让我们知道自己、他人与外界环境是怎样相互作用、相互影响的。

大体了解了认知行为疗法之后，我们可以审视一下自己。

- 亲爱的朋友，你的生命中是否曾经有过这样的一些时刻与体验：焦虑、恐惧、拖沓、害羞、沮丧、抑郁、情绪低落、孤立无助、缺乏自信、没有勇气面对困难……大概几乎所有的人都会回答"是"！

- 亲爱的朋友，是否有一个声音时不时就会在你耳畔响起："没人喜欢我""我总是不受欢迎""这都是我的错"……其实，这是盘旋于我们大脑中的"负性思维"在作祟。

- 亲爱的朋友，面对不期待或者不想要的行为方式，我们总会说："我要改变"，但大多数人都迟迟没有迈出"改变"的第一步，看来，有些因素使我们的动机与行为之间出现了错位。

其实，问题的根源就在于我们的"思维"，正所谓：世事本无好坏，关键看我们怎么想。我们可以通过改变自己的思维和行为，使我们的生活更美好！这也正是这本书所要告诉大家的！

我们先来了解一下本书的一些核心观念。

1．每个人理解的世界都是不同的。

2．行为能够影响思维和情绪。

3．每个人都存在问题，只是程度不同。

4．关注当下，解决问题。

5．认知、行为、情绪、生理之间存在"互动系统"。

6．科学地权衡结果。

通过对核心观念的梳理，本书又对潜藏于内心的"负性思维""功能失调性假设"及"核心信念"进行了深入细致的阐述，并且就如何控制"思维误区"进行了探讨。书中列出了十大类典型的思维误区。

1．黑白思维，即全盘肯定或全盘否定。

2．笼统概括，即以偏概全。

3．心理过滤，即抽取一部分事实或观念，以支持自己的消极思维。

4．贬低事物的积极面。

5．读心术／算命：妄下结论。

6．夸大一切——"灾难宣扬者"（以及轻视一切——"否认灾难者"）。

7．情感推理／奇幻式思维。

8．条件性思维：总爱讲"应该"。

9．个人化归因：认为一切不幸、事故都是自己造成的。

10．怪罪他人、贴标签。

本书还给我们提供了四步法的认知策略。

1．我们的认知（我们是怎么想的）。

2．我们的情感（我们的心理感受是什么）。

3．我们的行为（我们正在做什么）。

4．我们的生理反应（我们的身体会有什么反应）。

面对我们行为中存在的问题，本书也给出了解决方案。

1．明确自己的问题。

2．评估它们的难度。

3．确定这些问题对你的影响。

4．设定有效的目标应对它们。

本书在第6章到第9章，就如何应对焦虑、抑郁、恐惧、愤怒、创伤后应激障碍等给出了可操作的策略，这对于改善我们的情绪大有裨益。本书第10章给我们提供了提高自信心与自尊心的办法，目的就是让我们的生活变得更美好！

特别要感谢参与本书翻译的人，他们是：马雪睿、武瑞芳、鹿欣纯、刘庭园、欧小兰和王丽莎。

最后，借用本书中的一段话作为祝福与读者共享：

"自我认知和自我接纳会令我们更快乐、更幸福，这是和谐的自我。真正的朝圣者在和外部世界作斗争时，也在内心培养着积极的信念和乐观的精神。"

段鑫星

2011 年 12 月 18 日于中国矿业大学

CHANGE YOUR LIFE with

CBT

目录

生活中的你是否有过以下困扰：焦虑、恐惧、拖沓、害羞，沮丧、抑郁、低落，不愿与人群接触，不愿与人交流，妄自菲薄、缺乏自信……意识到这些问题之后，你要回答的问题是：我是否想要改变这样的状况？如果想，认知行为疗法可以帮助你改变目前的处境。但请记住——严肃地对待这个问题，下定决心而后开始之后的改变之旅。

到时你是否会想老板肯定会开除自己，然后一切都完了？其实，生活没有你想得那么糟糕，你会这样悲观是因为那朵"小黑雨云"笼罩着你，而它就是你需要警惕的——思维误区。

第二部分　CBT 改变生活

第7章　征服心中的猛虎：焦虑症、恐慌症、心理创伤、强迫症和成瘾行为 /153

你是否因为担心儿子的安全而从来不让他离开你的视线？你是否害怕登上舞台进行表演？你是否惧怕给客户打电话或者与陌生人交流？你是否觉得自己的手很脏，所以一直洗手？你是否在雷雨交加的夜晚而蒙上被子战战兢兢？这些恐惧和症状都源自你的内心。运用减压法、沉思法、想象性思维法、暴露法和运动法，你可以征服那只驾驭你的猛虎。

第8章　战胜抑郁这朵"小黑雨云" /191

情绪低落、嗜睡、失眠、缺乏自信、抑郁、容易疲惫、健忘、易怒……这些坏情绪离我们并不遥远，失去积极乐观的心，一切功成名就都失去了本来的意义。你是否备受这些情绪的困扰？一次行动一小步，让自己恢复活力。行动起来，重拾幸福！

第9章 学会控制愤怒 /219

你是那种面对一点挑衅就会怒不可遏的人吗？在面对挑衅时，你会不经思考就破口大骂或者大打出手吗？你会在跟别人争论的时候翻旧账吗？如果你是一个易怒的人，那么你需要寻找一种方法，让自己变得更加平静和坦然。了解愤怒的根源，更深入地了解自己和愤怒，运用认知行为疗法化解愤怒，学会控制自己的愤怒。让自己变得坚强，拒绝软弱！

第10章 打造更好的自己 /243

你自信吗？你喜欢现在的自己吗？你可以随时调节自己的情绪吗？要想打造更好的自己，首先你需要培养自信心和自尊心。增强自我认同感，树立自尊心，学会承担责任，进行成本收益分析，适时地进行冥想和沉思，走上前进之路，克服所有障碍。你可以的！

第一部分
关于思维、情绪、信念、行为的真相

C

HANGE YOUR LIFE with

CBT

第一部分
关于思维、情绪、信念、行为的真相

CHANGE YOUR LIFE with

CBT

第 1 章
你是否想要改变目前的处境

生活就是如此，你无法改变它，但你能够改变自己。

——赫兹拉·伊纳亚特·翰（*Hazrat Inayat Khan*）

生活中的你是否有过以下困扰：焦虑、恐惧、拖沓、害羞，沮丧、抑郁、低落，不愿与人群接触，不愿与人交流，妄自菲薄、缺乏自信……意识到这些问题之后，你要回答的问题是：我是否想要改变这样的状况？如果想，认知行为疗法可以帮助你改变目前的处境。但请记住——严肃地对待这个问题，下定决心而后开始改变之旅。

　　你想改变自己的生活吗？如果是，那么恭喜你——从此刻开始，你就可以做到。即使你现在的生活十分称心如意，你也总能做一些事使生活更加充实、快乐。如果你没有勇气去改变一些想法或行为，那么，别担心——这本书将告诉你如何做，它将通过科学的方法和大量生活事例向你展示：你如何能做得更好。这是一本绝对不能错过的好书！

　　翻阅这本书，很可能是因为你觉得自己不快乐，或者对生活感到不满意。你会纳闷，为什么生活中总会遇到一些障碍，你甚至觉得，这些障碍会影响你的处事方式。如果真是这样，那么，请鼓起勇气：你已经为追求更好的生活迈出了重要的第一步。

　　也许这是你第一次决定改变自己的处境，也许你已经尝试着通过治疗、训练、认知或者意志力来改变你的生活。但如今，你需要另外一种不同的、更好的，甚至是全新的方式来摆脱那些阻碍你快乐、进步和成功的事物。事实上，你很清楚，你正在和一些特殊的事物做斗争，而且你也明白，在这个过程中，你可能会经历心情的起落、恐惧和迷茫，这些会阻碍你的进程；或者你也许只是在寻找一些新事物，探寻一种新体验，并努力使自己看清生活中的情感问题和行为问题。

　　我们经常会觉得，别人的一切似乎都很顺利，而自己却诸事不顺，这是"这山望着那山高"综合征。其实，一个表面上看起来开朗、自信、成功的人，也可能会对我们说"哦，你根本无法明白，这对我来说是多么困难"，或者"你不知道我有多么担忧"，而也许他所担心的事对你来说却不是问题。事实上，我们每个人都必须面对并处理自己的焦虑、恐惧、伤痛、惰性和沮丧，只是很多时候我们将这些隐藏在内心深处，表面上并不能看出来。

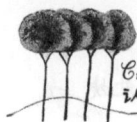

我们大多数人都会面对他人一无所知的事物，很多人做事都习惯于拖延，如整理房间、约某人出去，或者应聘一个新职位——直到最后一刻才付诸行动。尽管很多人会对"改变"感到恐惧（无论他们知道与否），但他们还是会努力改善令他们害怕或者限制他们生活和活动空间的环境。对此，你无需感到孤立无援。本书将向你伸出援助之手，在你遇到困难的时候帮助你从困境中解脱出来。

作为一名心理学家和咨询师，多年来，我积累了大量关于不同疗法和咨询方法的经验。当我参加认知行为疗法培训的时候，我从中学到了很多技巧。对于我来说，它就像蛋糕表层的奶油，让我抵挡不住诱惑。事实证明，在认知行为疗法训练的过程中，我的确学到了很多。现在，我不仅自己运用认知行为疗法，还与他人一同分享，而且我发现它很有价值，因为它开阔了我的视野，让我了解到了新的思维方式、行为方式和认知方式。我相信，这本书对你同样有效！

| 改变的时刻——创造生活的惊喜 |

我完全相信，改变自我是有可能的，并且是令人向往的！我有过亲身经历，而且在近30年当中亲眼见证了许多来访者通过量身定做的训练发生了改变。事实上，生命中唯一可依赖的就是改变。但是，许多人认同改变，却对它感到无能为力，或者自以为是地拒绝改变。本书将使你渴望发生改变、爱上改变，而且更重要的是帮助你掌控改变。

你要掌握改变的主动权。很多时候，人们会尽量不去求助咨询师、治疗师或心理学家，因为他们害怕自己的情感被剖析。本书只关注你的现在，而不纠结于你的过去。多花一点时间来阅读本书，你会发现生活总在不断地给你创造惊喜。另外，你也要做出决定：勇于改变而非拒绝改变。经过一定的努力后，你就可以获得改变人生的全新方式和视角。

现在，你需要问问自己："我真的想要改变吗？"

> 我们这代人最伟大的发现就是，人们可以通过改变思想、态度来改变生活。
>
> ——威廉·詹姆斯（William James）

| 改变的悖论 |

大量的临床经验以及个人经历，让我发现很多人（必须承认，也包括我自己）在"改变"这个棘手的问题上徘徊不定。许多人说"我想改变生活"，但当改变真的到来时——如果意味着某些事物真的要改变——他们就开始犹豫了。我曾听人说："我想改变，但那并不意味着真的必须改变。"这样的说法很常见，不仅仅是这些，还有很多其他的说法，我通常把它们概括为"改变的悖论"。

保持事物的原貌会使我们感到心安，而且我们经常会故意中断事物的变化，就如同人们喜欢用惯用的方法一样。我们让自己习惯和认可事物的原始状态。你去喜欢的餐厅、点相同的菜式；或者每天准时起床，遵照相同的日程；或者总是重复不变的工作流程；或是每年假期都去相似的地方度假。这种有规律的生活会

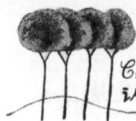

让你感到舒适。规律的生活给你带来安全、有序和安稳的感觉。

但太过于教条就会变成死板和束缚，阻碍你的成长，限制你"打破思维定式"。显然，恐惧使我们裹足不前——对未知事物的恐惧，对失败的恐惧（或者更多的是对坚持的恐惧），担心自己害羞或者被拒绝，害怕自身因才能出众而招致妒忌，甚至对恐惧本身感到恐惧。

拒绝改变也许是因为我们觉得不需要刻意去改变，顺其自然就可以达到改变后的状态。许多治疗手段都需要深入剖析自己的经历，回想所承受的痛苦，并在细节中分析自己，这让很多人不能接受。

但是，认知行为疗法关注和解决的是现在，不追究你的过去，也不纠结于已发生的事。认知行为疗法只关注此时此刻发生的事，并对那些阻碍你进步或令你痛苦的行为进行修正。

所以，这本书对你真的有用吗？让我们共同见证。

改变测试

你目前的生活状态怎么样

在阅读后面的章节之前，请先回答以下问题。在每一个肯定的答案后面打钩儿。

1. 你是否从生活中得到了尽可能多的收获?

2. 你的潜力是否完全被开发? 是否已达极限?

3. 房子内外的混乱是否使你筋疲力尽、负担过重, 而且情况还很严重?

4. 你是否陷入与他人或自己的重复性争论中?

5. 你是否发现自己在重复一些消极行为?

6. 你是否无法协调工作和人际交往之间的关系?

7. 在生活中的某一方面, 你是否想要独当一面, 但又感到害怕?

8. 你是否会责怪他人扯你的后腿, 或者抱怨生活没有给你最好的机遇?

9. 你是否总对过去留有遗憾或感到难过?

10. 你是否在精神上打击自己, 或者在身体上伤害自己?

11. 你设立过一些目标, 当没有如期完成时, 你是否会感到遗憾?

12. 你是否认为生活留给你的问题很难处理, 如信用下降、婚姻破裂或者工作压力大?

13. 生活之路是否比你想象得更难走?

14. 你是否和成瘾行为做过斗争, 如吸烟、酗酒、易怒或是挥霍?

15. 对于曾经的放弃是否感到绝望?

16. 你是否极力追求"完美"?

17. 你是否总是检查随身物品或者不断洗手以使自己感到安心?

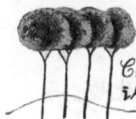

18. 你会严格要求自己吗？对自己是否总是很苛刻？
19. 对于他人的缺点和错误，你是否很偏执且易怒？
20. 你希望减少焦虑并且增强信心吗？

上述问题中，如果你的答案至少有四个是"肯定"的，并且你真的想改变自己，那么这本书对你将会有很大的帮助。

| 为什么选择认知行为疗法 |

也许选择这本书时，你对"认知行为疗法"（Cognitive Behavioural Therapy，CBT）已经有了一些粗略的认识，或者了解到有些人已从这种疗法中获益。这是一种在世界范围内被广泛推崇的疗法，并且有着完整的实际案例记录。值得一提的是，认知行为疗法见效快，而且可以预测到结果。

认知行为疗法的主要创始人——阿朗·贝克（Aaron T. Beck）是一位传统的弗洛伊德学派心理分析家。贝克认为，咨询者的想法通常与其所恐惧的事物有关。这些想法和其他想法相比，也许会产生更深层次的问题。在治疗过程中，咨询者会将脑中突然冒出的想法表达出来。贝克将这种心理过程称为"打开对讲机"，这在他的开创性著作《抑郁症的认知疗法》（*Cognitive Therapy of Depression*）一书中有所述及。

有时候，咨询者表面上像是在谈论一个特殊问题，比如对死亡的恐惧，其实，他们此刻想的却是其他事情，例如：

◎ "他喜欢我吗？"

◎ "他认为我是个坏人。"

◎ "我这样做对吗？"

◎ "这管用吗？值得我这样做吗？"

◎ "这简直是浪费时间……他可能讨厌我吧？"

这种"内心的对话"表现出的是一种"二流"意识（"second stream"of thoughts），贝克认为这是一种"不健康"的思维方式。这种"二流"意识揭示了咨询者的真实感受：惶恐、紧张且不安。与以往不同，贝克不再忽视这种看似和治疗无关的感受，而是专注于它们，并将它们作为出发点来帮助人们解决问题。他的目标是，通过改变人们的思维方式，从而改变其情感和行为。（在下面的章节中，我们还会更详细地介绍这一部分。）

你也许会问："认知行为疗法对我有用吗""它到底是什么""我要怎么运用它"……所有这些问题的答案都能在这本书中慢慢找到。

认知行为疗法可以帮助你摆脱以下情绪。

◎ 焦虑、恐惧、拖沓、害羞——日常生活中，这些棘手问题在阻碍着我们的进步。

◎ 沮丧、抑郁、低落、逃避，以及其他类似的情绪。

◎ 孤立，不愿与人群和事物接触，不愿与人交流或联系。

◎ 强迫症和恐惧——强迫自己做一些事情，如不停地洗手、酗酒、害怕蠕动的虫子或是害怕狗。

◎ 妄自菲薄、缺乏自信——认为任何事情你都无法搞定，都会给你带来麻烦。

你可以从本书中读到以下内容。

◎ 有关"改变"的简洁明了的方法——如何将已被实践证明

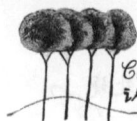

的认知行为疗法应用到生活中去。

◎ 如何做出关键的改变：一次一小步。

◎ 如何坚持走正确的道路。

◎ 一个真实的承诺——如果你将书中的理论运用到实际生活中去，你将能够全面改善你的生活。

你无法从本书中得到以下内容。

◎ "神奇"的答案或者简单的"神奇治疗方案"。

◎ 瞬间见效或得到一个简单的答案而无需任何付出。

◎ 无需努力就可一夜成功。

生活中最大的困难往往是我们自己造成的。

——索福克勒斯（*Sophocles*）

| 认知行为疗法如何发生作用 |

认知行为疗法是一种致力于使人们产生改变的心理和行为疗法，它基于科学的原理，并且能有效解决各种不同的问题。认知行为疗法产生于 19 世纪 50 年代，如果能够正确、规范地运用它，你可以收到很好的效果。在世界范围内，很多临床实验表明：尽管认知行为疗法需要你下定决心、付出努力，但是它可以让你的生活焕然一新。

通过认知行为疗法，人们可以清楚地认识到他们面临的主要问题，特别是重复、消极的想法（或许他们还没有完全意识到），从而改变他们的思维方式和行为方式。认知行为疗法受到更多人的青睐，且总体上看，这些人都希望改进自己的生活，摆脱使自己受到束缚的行为。

概括地讲，认知行为疗法认为可以用"ABC 法"来分析问题。

◎ A= **诱发事件**（an ACTIVATING event）——也被称为"导火线"。它或许是某些外部事件，比如车祸、斗殴、离婚或者受伤；或许是某些自我行为，比如做梦、幻想，甚至是记忆、荷尔蒙的变化，或是预感某事将要发生。

◎ B= **你的信念**（your BELIEFS）——个体遇到诱发事件后相应产生的信念，包括你的道德、观点、个人准则和思想。这意味着你把外部事件与自己、他人以及世界都联系在了一起。

◎ C= **结果**（the CONSEQUENCES）——特定情形下个体的情绪及行为的结果，包括带有情绪的感觉、行为、想法和亲身经历。

认知行为疗法引导你区分想法、感觉和行为三者的不同。例如，当你独自参加派对时，焦虑如何产生？我们用"ABC 法"来分析一下，具体如下。

◎ A= 想象自己走进派对现场的情景或回忆一下过去独自参加派对的感受。

◎ B= 由此而产生的信念也许是"我必须独自一人去参加派对，否则自己就太没用了——这样活着实在太悲哀了！如果我不去参加派对，我就是个失败者"。

◎ C= 想象一下，当你独自走进派对现场时，所有的人都注视着你，你觉得双腿发软、嘴唇发抖（心理和生理上都感到恐惧），你发现必须痛饮几杯白酒来缓解紧张或者干

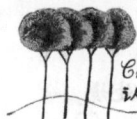

脆直接冲进洗手间藏起来，要不就坐在角落里大口喝着啤酒，恨不得找个地缝钻进去（行为）。

认知行为疗法的核心思想是要求我们维护自身的"安全"，这通常也是消除烦躁感的办法之一。所以在上述例子中，我们也许会结伴参加派对，以此来消除我们的恐惧、羞涩和焦虑。更重要的是，认知行为疗法向你证明，一旦学习了某些简单的技巧后，你就完全可以做一些曾经让你恐惧的事情。更多情况下，你是被自我感觉害怕的事物给吓跑了，而不是勇敢地面对那些令你害怕的事情。认知行为疗法认为，你可以通过不同的思维方式和行为方式来改变自己的感受和行为。

| 风靡世界的认知行为疗法 |

认知行为疗法之所以成为一种非常受青睐的疗法，准确地说是因为它太"简单"了，学习起来相对比较容易，并且能够获得显著的效果。和传统疗法相比，它不那么令人怯阵且可以立刻开始学习。认知行为疗法立足于学习和自我改变，所以它不需要复杂的分析做基础，也不需要花费大量的时间剖析梦境。认知行为疗法同样可以自学习得——因此才会有这本书。认知行为疗法的内容包括学习新的技巧，并把它们运用到实践当中。这是一种全新的自我审视，通过很少的测试，你就能从自己所做的事中学到东西。所以你会进步，并在前进过程中做出调整和改变。

同时，认知行为疗法也是一种结果疗法，这种结果可以预测，你也能从中学到东西，从而取得进步。这些结果经得起重复检验，所以你可以看到某些事情确实发生了改变。因此，认知行为疗法会如此受青睐，并且还被英国国家医疗服务体系的医生和心理学家所采用，现在有很多治疗学家和工作人员也在使用。

认知行为疗法可以用于什么情形

同样，认知行为疗法也是一种可用于某些特殊情形的治疗方法。科学研究表明，它的效果在以下情形中更为显著。

◎ 抑郁　　　　　　　◎ 慢性疼痛

◎ 焦虑　　　　　　　◎ 强迫症

◎ 恐惧症　　　　　　◎ 暴饮暴食

◎ 创伤后应激障碍　　◎ 精神分裂症

◎ 愤怒　　　　　　　◎ 儿童精神障碍

◎ 社交恐惧症

认知行为疗法与其他疗法有很大的区别，即其他疗法往往会涉及对众多过去事件的分析，而认知行为疗法则不然。

| 认知行为疗法对我有效吗 |

CBT 是什么

◎ C = 认知 = 我们对日常琐事的理解——并不是事件本身——这是关键。

◎ B = 行为 = 我们的所作所为，我们对事件的反应会影响我们的想法和感受。

◎ T = 疗法 = 通过设计"实验"来测试我们对于自身想法和

15

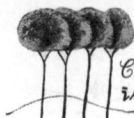

行为的理解。根据对实验结果的分析，重新进行测试——这就是我们改变自我的过程。

人们可以借助咨询师、小组来学习认知行为疗法，或者通过这本书来自学。在治疗期间要做大量的练习，这对你非常重要。让认知行为疗法的过程脱离类似会议或课堂的环境是很必要的（有点类似于进行瑜伽训练或者在户外做运动）——所以"小练习"是这种疗法中不可或缺的角色。将"小练习"与其他行为结合使用，你会发现，坚持不懈终会获益。所以，你在阅读不同章节的同时要穿插着完成"小练习"。你可以先试验一两周或者一个月——只要你坚持，就会从中获益。

当然，决定权在你手中，你必须真心认为自己有必要做出一些改变。你需要准备好并用诚实和坦率的态度来审视自己的想法和行为。而且，不管你有多么不愿改变那些惯有行为，你都得去改变它们。或许，你是真的乐意改变自我，因为你已经不再迷恋那些惯有行为。

洞察力

回想一下你学会一门技能的过程。比如，骑自行车、游泳、骑马、做煎蛋卷、使用机床、粉刷房门、做运动、生火、织围巾、学习乐器、砌墙、播种，或是学会一门外语。不管做什么，你都要付出时间与努力，在这一过程中，你也会犯错，或感到沮丧，或经历一次次的失败，接着，在不断的练习和经历更多的挫折之后，你最终取得了成功。这也许就是你学习新技能的过程——伴随着自我价值的不断认可和最终取得成果的过程。这就叫做"成人学习曲线"。

这种学习曲线在你学习认知行为疗法技巧的过程中也会出现，就像你在生活中学习其他技能一样。所以，你必须：

- 确定你要改变的事物；

- 阅读本书，学会如何做出改变；

- 在生活中，通过练习来改变你的思想和行为；

- 审视这些改变，不断调整，重新做出改变，反复不断。

如果能够坚持学习认知行为疗法，随着时间的推移，你会开始发生改变。你会开始注意在思考方式和行为方式上发生的细微甚至显著的变化，而且你的生活中还会发生其他连锁反应。切记，某一个方面的细微变化，将会给你生活的方方面面带来重大改变。这有点类似于"蝴蝶效应"——某些事物初始阶段的差异，比如蝴蝶在空中某个地方轻轻挥动翅膀，却最终以不同方式带来巨大而深远的影响。随着时间的流逝，这种影响会波及其他地方。认知行为疗法就是这样产生效果的：极小的改变，最终却带来极大的效果。

| 你真正想改变什么 |

为了更有效地运用认知行为疗法，你需要明确自己真正想改变什么。之前你可能没有在被动环境下思考过这个问题，又或者

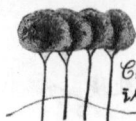

对于需要列出关于自身问题的"清单"感到奇怪。这就是一个很有用的练习，给了你一个很好的平台——所以开始吧！如果可以的话，请留出一些时间，独自思考这个问题。

尽量做到诚实，并且尽最大努力保持头脑清醒，找出那些让你困扰的事。这些事看似已经是你自身的一部分，例如在工作场合发表讲话时会直冒冷汗，或者无聊时会打开冰箱找食物。在承认某事的时候，你也许会感到害羞，例如喝醉酒或者有对他人施暴的想法，但不要压抑自己。下面的练习是关于你自身的，只需要你集中注意力去做，它会帮你找出真正困扰你而且是你希望解决的事情。

自我测试

将自己置于显微镜下

阅读下面第一题，闭上眼睛，追随自己的感觉。几秒钟后，在下面适当的位置写下自己的答案。尽量做到诚实。之后，重复以上步骤来完成后面的问题。

你最想改变什么？

短期　　　　　　中期　　　　　　长期

自身方面

1. _____

2. _____

3. _____

工作方面

1. _____
2. _____
3. _____

人际关系 / 合作关系方面

1. _____
2. _____
3. _____

家庭生活方面

1. _____
2. _____
3. _____

身体状况 / 形象方面

1. _____
2. _____
3. _____

健康 / 安乐方面

1. _____
2. _____
3. _____

请仔细回答上面的问题：这是你的起点。

| 设立目标 |

现在你已经明确自己真正想改变的是什么，接下来，你需要

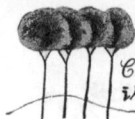

为自己设立一些目标。目标可以是抽象的，也可以是具体的，例如在工作上取得成功和获得赞扬；沟通能力和人际交往能力得到提高（不要一心扑在工作上）；或者仅仅是变得快乐和满足。你的目标能让你改掉不良嗜好以便更好地享受生活。如果能够掌控自己的反应、决定和行为，那会让你感觉很好，尽管你所掌控的事物实际上是复杂多变、难以捉摸的。

你也可以设定具体的目标，例如，能够进入封闭的空间（如电梯和隧道）内，或者是乘飞机旅行。你的目标也可能是摆脱消极的感受或强迫症；或者变得更加积极以及不再害怕面对挑战。你还可能对某些事物具有恐惧感，比如摸蜘蛛、在公共场合讲话等，那么，你的目标就可以设定为战胜恐惧。

> 内心的矛盾、困惑甚至混乱
> 是寻求真理的必经之路。
> ——弗里德里希·尼采
> （Friedrich Nietzsche）

选择需要优先解决的问题

看看哪些问题是你亟待解决的，问题出在哪儿。在某段时间内，你是否为自己设立过短期目标，并且真心想去完成？是否有一些目标看起来的确不可能完成或者很难完成？留意一下，哪些方面是你急需改进的，并且关注它们，你可以随手写在记事本上，或者在电脑、日记中记录下来。在学习本书的过程中，你可以随时翻看这些笔记，作出决定后，你可以查看自己的进度，然后继续朝着目标前进。

为改变而设定目标

认知行为疗法的关键要领就是要做到以下几点：

◎ 明确自己的问题；

◎ 评估它们的难度；

◎ 确定这些问题对你的影响；

◎ 设定有效的目标应对它们。

我们可以举例来说明一下。

在结束一天漫长的工作后，他回到家里，突然猛地关上前门，走到客厅，扔掉公文包，径直走向冰箱，看起来似乎很生气，甚至连招呼都没打。而你正在厨房里做饭，希望能听到一句"你好"或得到一个吻来慰藉你一整天的辛勤劳动，但他甚至都没正眼瞧你——更糟的是，他看起来好像很生气。此时，你也许会有以下想法。

反应 1："哦，我做错了什么？我惹他生气了，一定是又忘了付账单。"

反应 2："他回来了，故意想通过忽视我来惹我生气——辛苦了一天，他竟然这么不体谅我。"

反应 3："哦，他心情不好，我得和他保持距离，继续忙我自己的，一会儿就知道怎么回事了。"

那么，你会怎么想呢？我们会给外部事件赋予含义，并把对应的情绪作为结果。上述事例中，坏脾气、生气的人、糟糕的一天后的烦躁——就是他们的问题。

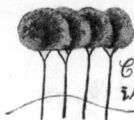

理解事件的含义

我们往往会在其他人的情绪中发现某事件的含义，特别是在我们与其他人之间有某种联系的情况下。在"反应1"中，你认为他人的坏心情是自己造成的，感到很内疚（事实上，可能那和你一点关系也没有）。因为愧疚，你的心情会很差，你可能也会不高兴、生气、摔门等。

在"反应2"中，你依然认为他人生气和你糟糕的一天有某种联系——并且打算采取一些报复行为。这会导致"和我没关系"的情况发生，最终会演变为激烈的争吵。但是，在"反应3"中，你认为坏心情仅仅属于他人，和自己一点关系也没有。你刻意与他人保持距离，等待事情的真相浮出水面。如果能做到不对事件赋予含义，或者不对情绪作出反应，我们就能搞清楚事件之间的联系。

认知行为疗法就是要教会我们如何区分对诱因事件的感觉与对诱因事件的反应，所以我们要找出分别属于我们和别人的东西——就像上述事例一样。认知行为疗法的意义在于，学会合理调节个人情绪。

| 要有改变自我的决心 |

如果你发现有一道选择题是关于你对诱因事件反应的，并且A、B、C三个选项对你来说都有可能，那么你或许会发现，认知行为疗法对你的生活很有帮助。花一点时间来回答下列问题，你会更深刻地认识到自己对"改变"的态度。

改变测试

你愿意做出改变吗

问问自己,并在 0 ~ 10 的区间内打分,0 分最低,10 分最高。

● 你会坦诚面对自己的缺点和困难吗?

0　1　2　3　4　5　6　7　8　9　10

● 你能保持自律吗(当你全身心投入某个工作时)?

0　1　2　3　4　5　6　7　8　9　10

● 你愿意做出努力吗?

0　1　2　3　4　5　6　7　8　9　10

● 你能接受新的思维方式和行为方式吗?

0　1　2　3　4　5　6　7　8　9　10

● 你喜欢解决问题吗?

0　1　2　3　4　5　6　7　8　9　10

● 为了发生改变,你会做一些让人感觉奇怪和不舒服的事吗?

0　1　2　3　4　5　6　7　8　9　10

● 你认为调节个人情绪是件容易的事吗?

0　1　2　3　4　5　6　7　8　9　10

● 这个测试对你来说难易程度如何?

0　1　2　3　4　5　6　7　8　9　10

仔细检查自己的答案。如果你得了较高分,那表示你已经准备好坦诚面对自己的问题,并愿意做出改变;如果你得了较

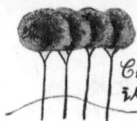

低分，那表示你依然想要坚持原有的习惯，小心翼翼地向前迈步。也许你从来都没有以这种方式来了解自己的想法、行为和情绪，但实际上，你审视和调整自身的次数越多，改变就会越容易。你很喜欢回答这些问题吗？认知行为疗法的方式也包括自问自答。

如果你愿意坦诚面对自己，并勇于正视之前令自己却步的想法和行为，那么，认知行为疗法是可以帮到你的。它的好处是，一旦你知道自己正在做什么，你就很可能取得成功。

自我测试

测试： 从自己开始

认知行为疗法立足于科学的方法，让你透过"显微镜"深入、冷静、客观地审视自己。这也许是一个非常怪异的想法，因为混乱的感觉和行为总是出现在你的生活中，或者你是相信"命运"的唯心论者或教徒，抑或是你想成为"灵魂自由"者，或想恢复"本真"——除非你对生活中发生的事根本不在意。认知行为疗法会将你的想法从感觉中解放出来，将你的行为从你的想法中解放出来，这样可以避免它们之间错综复杂的关系给自己和他人带来麻烦。

当你读完本书后，你可以学着做一些小的尝试。刚开始，你可能感觉很奇怪，时间久了，你会发现，这会丰富你的知识、增强你的自我意识。当你发现自己和生活都已发生改变时，你就会相信，认知行为疗法是处理问题的有效方式。

在认知行为疗法测试中，你要做以下事情：

◎ 检验你对自己、他人、社会和世界的观点是否真实；

◎ 树立并/或检验新的信念；

◎ 提供并检验关于你自身的一个认知行为疗法规划；

◎ 在进一步的检验后，继续改进这个规划；

◎ 在测试完成后，同样要转变你自身的观点以及你对他人、社会和世界的观点。

真实性测试

若要运用认知行为疗法，你需要反复了解自身的感受，并且冷静地审视自身的行为。这是一种真实性测试，是一种工具，能够让你了解所发生的事及所犯下的错误，并引导你做出改进。这听起来也许有点过于客观，但是，用不了多久你就能发现，你学会了用长远的眼光来审视自己，也学会了改变自己的思维方式和行为方式，而不是固执地遵循旧有模式。

多年以前，我曾经参加过一个工作面试，这是我渴望已久的一家公司，并且我自认为可以胜任这个职位。看过职位说明之后，我更加确信自己适合这个岗位，于是我满怀希望地投出了简历。不出所料，我得到了面试的机会，面试的过程也非常顺利，在我离开之后我也认为自己的表现"太好了，绝对没有问题"。所以你可以想象到当公司通知我没被录用时我的表情有多么诧异。我的第一反应就是"哦，天哪，我做错了什么？我的表现肯定很差劲，我彻底失败了"。

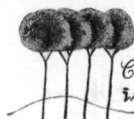

我处在崩溃的边缘，之后的几天，我把自己关在屋子里，直到一个朋友提醒我："你为什么不去问问他们，究竟是怎么回事？"

我从来没有过这样的想法。于是我鼓起勇气给该公司的人事部打了电话。工作人员非常客观地告诉我，我的表现非常好，确实是个很棒的应聘者，并且非常适合这个工作，不过，空缺职位已被公司内部人员填补上。得知这个消息后，我心里好受多了。我意识到，盲目自责有可能彻底摧毁我的自信心。事实上，职位是内部招聘这一信息就是一种"真实性测试"。这件事使我认识到，不要只从表面看问题，一旦你了解了事情的真相，心情也会发生转变。从那以后，在填写职位申请表之前，我都会先询问该公司的招聘政策——这样可以节省我的时间，我也不会白费力气。

| 认知行为疗法适合你吗 |

顺便说一句，此时此刻你也许感觉认知行为疗法并不适合你，即便是这样也没有关系。也许你还会发现，到目前为止你所拥有的自信都源于和专业人员一起进行的某些训练。

你或许想和朋友或家人共同学习本书——如果这样做了，请确保你这样做是出于自愿，而不是因为听取了他人的建议。同样，不要尝试"控制"他人的行为——不管他们是否完成了本书的学习，这都是他们自己的事（如果那些人是你的配偶、父母、兄弟姐妹或者好朋友，这点尤为重要）。

在阅读过本章的内容后，你如果认同认知行为疗法的观点，而且很乐意接受改变，那么请继续阅读。现在让我们学习第一阶段的详细内容，用认知行为疗法改变生活吧！

生活中的认知行为疗法工具箱

本书的目的之一就是让你拥有一个认知行为疗法工具箱，只要你有需要，就能够使用其中的认知行为疗法工具来解决。书中的每一章都会给你提供一系列特殊的工具、见解、提示或者信息，所以，无论你遇到什么难题，不管你感觉如何，它们都会让你充满活力。

工具1：制订计划，并坚定改变自我的决心。

小练习

你是否想尝试改变生活？作出你的决定。重新审视你在前面（第18页）列出的你想要改变的事情，看看还要不要再增加些什么。然后问问自己："我所想改变的最关键的事情是什么？"清楚地记录下来。用这本书所讲的方法，制定出你实现目标的时间规划。

CHANGE YOUR LIFE with

CBT

第2章
行为背后的奥秘

人不能浑浑噩噩地活着。

——柏拉图（Plato）

你知道自己是谁、自己在想什么、又为什么那样做事吗？如果对面有个人在向你招手，你觉得他想做什么？那瓶水是半瓶满着还是半瓶空着？认知行为疗法就是让你认识自己、发现自己。开始这次神奇的自我发现之旅吧！

很多人不知道为什么有些事情让我们烦恼，为什么我们有时候会有某种情绪，为什么我们会用那种方式回应外界刺激，为什么我们白天兴奋而晚上低落。那么你知道自己是谁、自己在想什么、又为什么那样做事吗？很多人会说"那就是我""我喜欢那样"，而没有人去深究这背后的原因。试着了解自己，想想什么让你生气，什么让你高兴，什么让你难过，为什么你老是加班，为什么你心情不好的时候喜欢喝酒，为什么紧张的时候会把铅笔排成一排。这将会是一次神奇的自我发现之旅。

认知行为疗法就是让你了解自己。它不关注你的睡姿，也不分析你的过去，更不解析你的梦境，而是让你认识、关注自己，从而更好地发现自己。认知行为疗法要求更好地觉知自我，要求在感知、思考、行动的时候，能准确地发现自己。正是这个"自己"让你在特定的情形下总是用特定的方式行动，甚至让你在同一个地方跌倒两次。认知行为疗法就是要让你学会更加自觉、合理地认识自我，认识自己、他人与外界环境是怎样相互作用、相互影响的。

案例手记

莱拉，30岁，有三个不满10岁的孩子，她总是努力取悦别人。"我做任何事都要求尽善尽美。"近来，莱拉老是感觉累，甚至筋疲力尽，因此前来咨询。

莱拉说："我想要的都有了，可我不知道我是怎么了。"莱拉的丈夫在家族的汽修厂工作，莱拉主要照顾家庭，同时在丈夫的汽修厂担任会计。

莱拉既是一名全职主妇，又是一位兼职会计，要照顾父母、

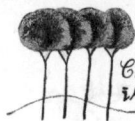

帮助朋友，还要安抚脾气暴躁的丈夫，可她老觉得做得不够。此外，她还志愿帮助一所小学组织展览会——这可能是压垮骆驼的最后一根稻草。一天，她买充气城堡时忘了付钱，与另一位母亲发生了争执，那天她竟然失控地哭了一整晚。"我不敢相信我居然忘记了付钱。我尽力做好每一件事情，可我居然那么差劲，什么都做不好。"

莱拉不能原谅自己犯下那么严重的错误。她要求自己尽善尽美，其实这是不可能的。从上面的叙述中可以看出，莱拉习惯性"取悦他人"的模式是因为内疚和巨大的自我价值缺失感，在这种内疚和自我价值缺失感的驱动下，她总觉得自己不够好，想要去取悦所有人，以展示自己的价值和能力。

认知行为疗法认为，莱拉的依附行为（取悦他人的行为）源于她的核心信念（core belief）——我是没有价值的人。（我们将在第 3 章具体讨论"核心信念"）。然而，在我们开始揭露、发掘核心信念前（这些核心信念可能会让莱拉非常吃惊），必须帮助莱拉搁置一些她自己施加的巨大责任。毕竟她只是一名普通的女性，没有必要让所有的人都喜欢她、肯定她。慢慢地，莱拉了解了自己为什么会这样，这种自我了解会通过各种方式帮助她改善生活。

| 重新审视自我 |

运用认知行为疗法来改变我们的生活，首先就要重新审视一下自己，想想你是怎样思考、怎样行动的，这样才能进一步解决自己的问题。这种审视必须冷静、科学，你要检查一下自己的认知和行为，审视现在的困境（或者是你反复遇到的问题）。当你开始审视自己时，或许会感觉有些困难，甚至感到害怕，你可能觉得自己没有办法探究到自己和行为的深层动机。不过没关系，本书将给你提供一些帮助，认知行为疗法将会对你有所启发，你可以花些时间来了解一下下面的内容。

｜认知行为疗法的主要观点｜

认知行为疗法认为：人的认知与感觉和思维有着密切的联系，从而影响人的行为。这就形成了一个恶性循环：认知影响思维，思维又影响行为，循环往复，如图 2-1 所示。

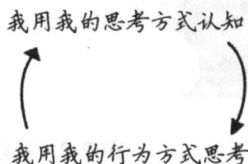

我用我的思考方式认知

我用我的行为方式思考

图 2-1　认知—思维—行为

你怎样看待世界

认知行为疗法让我们重新审视我们看待自己、他人和外界环境的方式。这就要不断地向思维定式和习惯发出挑战。就像莱拉，如果她认为自己要取悦、讨好别人，她就要相应地付出行动；而如果她认为自己是自私的人，那么她也就会有自

我们看到的并不是事物本身，而是我们眼中的事物。
——犹太法典（The Talmud）

私的行为。这都取决于我们对自己和世界的认知。

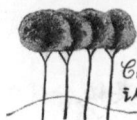

你可能会比较熟悉下面这张图片（图 2-2）。花几分钟看看，你从图中看到了什么？

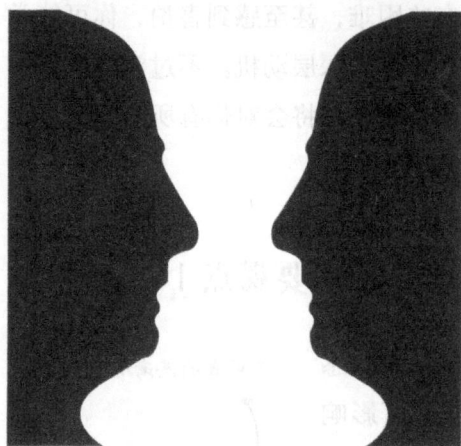

乍看之下，你可能会看到两张相互对视的人脸，然而换个角度，把黑色作为背景，你会看到中间有一个白色的酒杯。这时，如果一直看这张图片，你的大脑就会不断地在两幅图之间转换。这很不舒服，但很有趣，这种转换告诉我们思维是怎么工作的。

这种图片叫做"双歧图"，它会使我们的感觉器官（眼睛、大脑、神经系统）发生混乱。我们的感觉器官努力想弄明白看到的究竟是什么："哪一幅图片才是'正确'的？哪一幅才是有意义的？"事实上，这两幅图都是"正确"的。尽管我们的大脑不能同时看到这两幅图，但它却想同时都看到，因此就产生了歧义。

图 2-2　双歧图

观察"双歧图"，努力尝试去弄清楚哪一幅才是正确的，这就是认知行为疗法看待事情的方式。日常生活中我们习惯于从一种角度看问题（黑色的脸），认知行为疗法则教我们用一种全新的角度和方式看问题（白色的酒杯）。其实，它们本就是一幅图，只是观察的角度不同而已。认知行为疗法将为你提供一个全新的视角，让你重新审视自己和生活。

> 真正的发现之旅不只是为了寻找全新的风景，也为了拥有全新的视野。
>
> ——马塞尔·普鲁斯特（Marcel Proust）

认识思维

你是否静下心来审视过自己的思维方式？是否意识到紧张的时候你会有一些习惯性的思维，或者会习惯性地用低沉的声音慢慢地对自己说"放松"？你是否认为大家都不喜欢你、都在责备你？

认知行为疗法认为人应该懂得思考自己的思维方式，这种对思维的认知就叫做"元认知"（metacognition）。一开始，这个过程可能会比较困难与痛苦，但不要担心，一旦你开始意识到自己的思维习惯，并找到了自己的思维模式，改变将是非常容易的事情。

案例手记

本，35岁，一个完美主义者，是个木匠。他在工作时总是先花很多时间了解客户的需求，然后再花很长的时间去寻找价格合适的木材，之后再用更长的时间制作。但是本仍然不满意，他的脑子里总是连续不断地出现批评的声音，认为自己做得很糟糕。

其实本是个极端的完美主义者，这往往会让他犯一些错误。如果某件事没做好，他会因此而十分懊恼，从而做错更多的事情。时间一长，他的工作进展就很慢，总是不能按时完成，还老出错。这使他的客户非常不满，本的收入也因此减少。

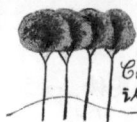

可以看出，本的完美主义已经妨碍了他的发展，它使本在工作过程中处于极度紧张的状态，这种状态对本是不利的，也影响了他的收入。认知行为疗法认为，本有一个"错误认知"，这个错误认知妨碍了他的工作，并且不利于本享受生活。事实上，本已经因此而影响了工作，甚至可能会因此而失去工作、收入和成功的机会。这就是一种自我破坏——强迫性完美主义的自我破坏。

我思故我在

认知行为疗法认为每个人眼中的世界都是不一样的。例如，当接到一个任务时，本认为"我必须把每件事都做得完美，否则我会受到严厉的批评"，而有些人则觉得"这样就行了，没人会注意一些小错误的"。

运用认知行为疗法必须要了解我们解释世界的方式，即你必须清楚地意识到你看到的是什么，你是怎样思考的，你是怎样解释日常生活中的人和事的。也就是说，我们要了解我们的认知和思维，这有点像我们常说的"我思故我在"。

| 了解你的思维方式 |

心理学家认为，人通过认知、历史背景、个人经历及信仰来看待世界。例如，你支持的政党赢得了竞选，你会觉得"太棒了，这是一个全新的开始"；而如果不幸落选，你可能就会说"唉！下坡路开始了"。对同一件事，人们可能会有完全不同的看法，这是因为看问题的角度不同（就像我们前面提到的双歧图）。

我们通过自身的思维对接触到的事物进行组织加工，从而理解这个世界，这使得我们每个人都具有独特性，你就是你！以下是认知行为疗法关于思考方式的六个基本观点：

1. 每个人理解的世界都是不同的；
2. 行为能够影响思维和情绪；
3. 每个人都存在问题，只是程度不同；
4. 关注当下，解决问题；
5. 十字面包模型："互动系统"；
6. 科学地权衡结果。

每个人理解的世界都是不同的

认知包括思维、信念，还包括我们前面提到的对过往经验的理解（回忆一下双歧图）。情感和行为取决于我们的认知和我们赋予事物的意义。

看图 2-3，图中有一个人在街道中向你挥手。

你怎样理解图 2-3 中的这个人的行为呢？

◎ 如果你是一个球迷，当天正好有比赛，你可能会觉得他在为支持的球队和同伴加油（你也可能觉得他是对手的球迷，在威胁、嘲笑你）。

◎ 他可能喝醉了，到处挥手；也可能他认识你，想引起你的注意，他可能是你的家人或老朋友。

◎ 可能他想让你搭车，招呼你过去。

◎ 他也许是你的邻居，他想告诉你，你的猫在树上下不来了。

图 2-3 挥手的人

37

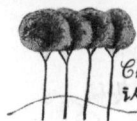

你有什么反应呢？

◎ 如果你害怕一个人走夜路，当看到他向你挥手时，你可能会害怕，想逃跑。

◎ 如果你认识他，你可能会很开心——他可能是你多年不见的老朋友，你们今天终于又重逢了。

◎ 如果你觉得他喝醉了，很危险，你可能会过马路，避开他。

◎ 如果你觉得他很友善，你可能会走过去关心他一下。

可能的反应显然不止这些。人们对情景的理解不同，对同一事件的反应也不同。我们所看到、想到和理解的，与我们个人的背景，当时的心境、情绪，一系列的环境及其他因素有关。

> 想要理解生活，就要向后回顾；而要好好生活，则必须向前展望。
>
> ——索伦·克尔凯郭尔（*Soren Kierkegaard*）

洞察力

认知影响情绪

你对街道中间向你挥手的人的看法就是认知。不同的认知引起不同的情绪反应：当你觉得他是位友善的球迷时，你会感到高兴与鼓舞；当你觉得他是对手的球迷时，你又会变得生气。如果你认为他喝醉了、很危险，你会觉得恐惧和紧张；而你若觉得他是朋友，你体验到的就是开心和兴奋。因此，认知行为疗法认为"每个人理解的世界都是不同的"，也就是说，如果人们能够学会改变自己的认知，那么其情绪也会随之发生变化。

对积极事件与消极事件的解释

不得不承认外部因素影响我们的情绪。正面、积极的事件可能会产生积极的情绪；负面、消极的事件会产生消极的情绪。人具有独特性，因此每个人对事件的理解都不同，人们很可能会对一些日常生活中的事件赋予不确定、不健康的意义。甚至有时我们对事件的理解会很极端，当我们找不到正当的理由时，我们会变得"痛苦""忧虑"，甚至"心理失常"。

艾弗的经历就是一个很好的例子。在一个月黑风高的晚上，艾弗加完班回到家门口时，发现有个破酒瓶在自己的花园里，而且家里门厅的灯是亮着的。艾弗想了想，确定自己早上出门时关灯了。突然间，他的心中有个不好的想法闪过——家里一定进小偷了，艾弗顿时觉得天要塌了。他想，一定有个高大的醉酒流氓正拿着棒球棒在家里等着他呢。他经常在报纸上读到类似的新闻，可万万没想到这事在自己身上发生了。他不知道该怎么办。要不要报警呢？他摸了摸口袋，手机找不到了。艾弗在台阶上站了一会儿，他战栗、口干、呼吸困难，膝盖不停地发抖。

艾弗屏住呼吸，留心听屋里面的声音，结果一无所获。他小心翼翼地走到旁边，想从窗户观察一下屋里的情况，结

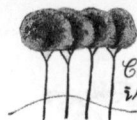

果被窗帘遮住了。他害怕极了，心脏都快跳出来了，血液流速也加快了。突然，门开了，门里站着一位漂亮的女孩，正在对他微笑，屋里还飘着烤肉的香味，"爸爸，我回来了，惊喜吧？"在看到女儿的一瞬间，艾弗几乎要晕过去了。"快进来，晚餐都准备好了，您回来得太晚了，饭都凉了。"玛吉说。艾弗蹒跚着走进屋里，他忘记女儿放假了，她度完假回来了，而且还为自己准备了一顿丰盛的晚餐。

我们用表 2-1 来展示艾弗对事件的理解。

表 2-1　艾弗对事件的理解：他的认知

事件	情绪	生理反应	理解	认知
屋里意外地亮着灯；花园里有个破酒瓶	害怕、紧张、惊慌、恐惧	出汗、颤抖、口干、困惑、犹豫、心跳加速	家里来小偷了	"我很危险""我家来小偷了"

认知行为疗法的认知模式

得知自己安全后，艾弗一下子就放松了，给了玛吉一个大大的拥抱，他是被最近的新闻报道吓着了，自己也觉得挺可笑。其实，只要做一些必要的"现实推理"，他不难发现屋里的人是自己的女儿，不是小偷，而花园里的酒瓶可能是被大风吹进来的，那样的话，他的情绪和行为就都能从恐惧变为放松。

一旦人们对事件的理解、认知发生变化，其行为也会随之变化。认知影响情绪，情绪随认知的变化而变化。因此，认知行为疗法主张改变人的认知（思维和理解），从而改变人的情绪，进而改变人的行为。

我们可以通过图 2-4 来理解这一过程。

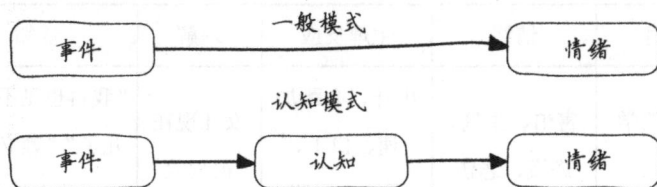

图 2-4　一般模式与认知模式对比

下面是日常生活中一个关于认知改变情绪的例子。

案例手记

迪娜，11岁，今年上初一，放学后晚归 20 分钟，平时要独自一人坐公共汽车回家。她有一部手机，平时放学后会给妈妈乔安娜发短信。今天她没有按时给妈妈发信息，也没有接妈妈的电话。虽然此时天还没黑，外面也有路灯，但乔安娜觉得迪娜一定是遇害了。她开始心跳加快、口干，并且想象着迪娜可能遇到的一切糟糕事情。1 个小时后，迪娜的妈妈觉得迪娜可能被绑架了，也可能出了车祸，抑或是离家出走了。"妈，我回来了！"迪娜跑来微笑着对乔安娜说，此时乔安娜简直要疯了，她并没有觉得高兴、放松，反而感到沮丧、失望。像多数人一样，乔安娜在没有对现实进行分析时，就夸张地对一个平常事件赋予了一些不切实际的情感，这会引起巨大的情绪反应，甚至会引起相应的反常行为反应（对迪娜大叫、甩门、哀号、气得咬牙切齿——而这些情绪会使迪娜产生困惑和愤怒）。

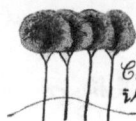

以上述迪娜晚归的事情为例，表 2-2 向我们展示了乔安娜高度情绪化事件的发生过程。

表 2-2　乔安娜的认知模式：担心女儿的安全

事件	情绪	生理反应	理解	认知
女儿放学晚归	害怕、生气、恐慌、悲伤	出汗、心跳加速、口干、哭泣、紧张	女儿现在很危险	"我再也见不到女儿了""她必须回我电话"

这件事还有另外一种情况。乔安娜暗示自己"别胡思乱想"，对自己说"没有消息就是好消息，迪娜没按时回家可能是因为跟朋友聊天耽误了，也可能是因为公共汽车晚点"。

乔安娜暗示自己不要担心，在下结论前给自己时间考虑一下，这样她就不会心跳加速。她可以给自己找些事情做，让自己忙一些，比如可以整理一下花园或者打扫一下卫生。在没有确切消息证明有什么不好的事情发生之前，她可以给自己布置一些任务让自己冷静下来。这样一来，乔安娜的认知行为表格就变成了表 2-3 的样子。

表 2-3　乔安娜的认知模式：女儿很好

事件	情绪	生理反应	理解	认知
女儿放学晚归	好奇、放松、忙碌	心跳规律、冷静、合理的情绪	女儿只是晚一会儿回家	"她很好""没有消息就是好消息"

解释你自己的生活事件

想一想当你曲解一件事情时，你是不是觉得它比实际更
糟糕、更可怕？

◎ 当你知道真相的时候感觉怎么样呢？

◎ 从那件事中你学到了什么？

不论何时何地，请记录你的感受。

因此，一方面，思维影响我们的情绪；另一方面，行为也影
响着我们的思维和情绪。

行为影响思维和情绪

俗话说，事实胜于雄辩。因此，认知行为疗法认为，如果你
假装用一定的方式感知一件事情，那么它真的可以改变你的想法
（认知）。改变认知，就能改变行为；同样，行为改变，认知也会
发生改变。

这就是所谓的认知行为疗法连续体（见图 2-5）。不论是哪种
方式，都能使你在有不舒服的情绪体验时更好地掌控自己的情绪。
例如，在你觉得恐惧、生气、悲伤或者有其他负面情绪时，它能
帮助你更有力地控制自己的情绪。

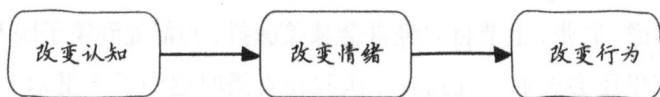

改变认知 ➡ 改变情绪 ➡ 改变行为

图 2-5 认知行为疗法连续体

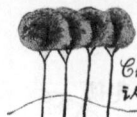

已故好莱坞女星奥黛丽·赫本（Audrey Hepburn）就是一个很好的事例。

20 世纪 50 年代早期，奥黛丽·赫本第一次参加新星舞会。那时候公认的美女都是婀娜多姿的美国人，她们大都是灵动的运动美女，比如玛丽莲·梦露（Marilyn Monroe）、丽塔·海华斯（Rita Hayworth）。而奥黛丽·赫本却是骨瘦如柴的褐发欧洲女性，并且害羞、笨拙，因此她觉得自己根本无法融入好莱坞，根本没有机会吸引人们的注意（至少当时她是这样认为的）。直到后来她意识到自己能够表演。

奥黛丽·赫本想起了收音机里的一个故事，她决定在自己以后的生活中要扮演一个迷人的女人，尽管这样有时很痛苦。因此，她把自己想象成为一个漂亮的骨感美女，散发着性感的魅力。她像个美人鱼一样，与人进行眼神交流，诱惑着一些男性。她故意叹气、噘嘴、发出嘶嘶声，并表现出惊奇的样子，慢慢地，奥黛丽·赫本开始掌控局势。很快她身边就聚集了一些富翁、经纪人和演员。她用自己的思想和想象超越了身体的限制，散发出了强大、性感的吸引力。

当然，你不必像奥黛丽·赫本那样，但你可以做些简单的尝试。比如，你可以让自己在联谊会上“假装”很自信，这也会让你感觉到惊人的不同。

我本人也是一个很好的例子。在过去的 30 多年，我曾多次以“专家”的身份出现在电视和广播里。但在我媒体生涯的开始，我也很焦虑、紧张，上节目时经常会膝盖颤抖，心都提到嗓子眼儿了，有时夜里还会失眠。直到有一次我在直播时遇到了杰里米·帕克斯曼（Jeremy Paxman）和科斯蒂·沃克（Kirsty Wark），我的嗓子开始发干，语调变得低沉，我忘词了。

多么可怕啊！这之后我自己做了一些增加自己信心的工作，下定决心要像凯特·阿迪（Kate Adie）那样穿着制服在台上走动，或者像詹尼·默里（Jenni Murray）那样平静地握着麦克风。我提前在提示卡上写出三个重点，然后在台上高高地昂起头、微笑，用我发抖的手坚定地握着麦克风，我对自己说我完全有资格这样做，毕竟，我要靠表达我的想法生活。

这样几次之后（虽然我仍会觉得紧张，但我会表现得"好像"很自信），我开始变得越来越放松。现在，如果让我去跟我的老大哥谈论同居者的滑稽行为，或在广播上聊聊心理困境，我仍会发抖，觉得紧张不安，但我知道那是正常的表现，我会告诉自己我很好，我会对自己说，有点怯场是可以掌控的，这样我就会表现得很好。

每个人都存在问题，只是程度不同

认知行为疗法的优势在于把情感问题、精神健康看做连续体的有机组成部分。人的感情在一定范围内波动，一端是"正常的情绪"，另一端是"痛苦的情绪"或是"失常的情绪"（如图 2-6 所示）。这两端构成了一个人完整的情绪，使我们成为具有各种情绪体验的人。认知行为治疗师把自己看成是普通人，有时也会错把自己当成来访者——因此认知行为疗法是不区分"我"和"他"的疗法。

正常的情绪 ——▶ 痛苦的情绪 ——▶ 失常的情绪

图 2-6　情绪的范围

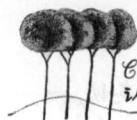

比依是一位16岁的花季少女，因患有厌食症而数月不愿出门，为此她前来咨询。比依觉得自己太胖了，在公共场所就会觉得很不自在（实际上她没有那么胖）。她总是觉得人们会盯着她的身体看，嘲笑她肥胖。

为了帮助比依，我决定穿短的、奇异的紧身衣跟她一起出行，我想让她知道这样出门很好，我们不用理会自己的身材。然而我发现我错了，当时我刚生完宝宝，那种装扮确实不好看，因此，我的自我意识里也不得不在意自己的身材和体形。当走过橱窗和镜子时，我总是情不自禁地检查自己的装扮，会不安地想："这身打扮是不是显得臀部太胖了？"

比依是有心理阴影的，她总是不切实际地看待自己的身体——坚信自己是肥胖的（尽管她并不胖），因而把自己关在屋子里。其实，对于我的体形，我也有点儿"痛苦的情绪体验"，我总是觉得自己不够苗条、不够完美，只是它并没有严重地影响到我的出行。我与比依有着共同的问题，它已经影响到我们的生活了——只是严重程度不同而已。

关注当下，解决问题

认知行为疗法强调的是"活在当下"。弗洛伊德等传统的精神分析治疗师曾致力于探究人的过去，试图从过去的经历中发掘心理问题和精神问题的根源。直到20世纪50年代行为主义出现，才使这种情况有所改变。行为主义治疗师们开始致力于缩短这个过程，他们发现精神分析疗法的过程是冗长而且错误的。

认知行为疗法关注当下，包括当下的情感和痛苦体验，强调把握现在。因此，认知行为疗法致力于帮助人们处理现在的问题，而不是纠结于过去的细节。过去已经发生，不管它好与不好，请记住：那不是认知行为疗法所关注的。

案例手记

迪恩，21 岁，一个无业的辍学学生。辍学后他一度很失落，并开始吸毒。他发现自己每天早晨都无法按时起床。因此，他就每天躲在床上，不出门，不敢面对问题。然而，他在一位朋友的帮助下戒了毒，并进入一家职业介绍所学习 IT 课程。

最终，他学到了技能，发现了自己感兴趣并且擅长的事情。他很积极、用功，并参加了一些考试。然而，他来见我时，仍然很恐惧，害怕自己会睡过头，起不来。与其纠结于自己的过去，总是回顾过去的失败和错误，不如关注现在，为最近的起床时间做一个图表。

让迪恩惊奇的是，他注意到最近他总是 7:15 就起床，8:15 离开家去学习。然而，他依然觉得自己是个懒汉，这是因为他的认知并没有随事实的变化而改变。我们列出了迪恩过去一个月的起床时间表给他看，改变了他根深蒂固的想法。因此，从现在起他可以做得更好，他会变得越来越成功。

十字面包模型："互动系统"

认知行为疗法关注个人（个人的思维/认知）与环境之间的关系，以及它们是如何相互作用并影响人们的情感、身体和行为的。认知行为治疗师用"十字面包"模型（Hot Cross Bun）帮助

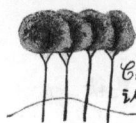

我们理解这些因素是怎样相互作用的。十字面包模型能够更清晰生动地向我们展示各种因素是如何工作的，如图 2-7 所示。

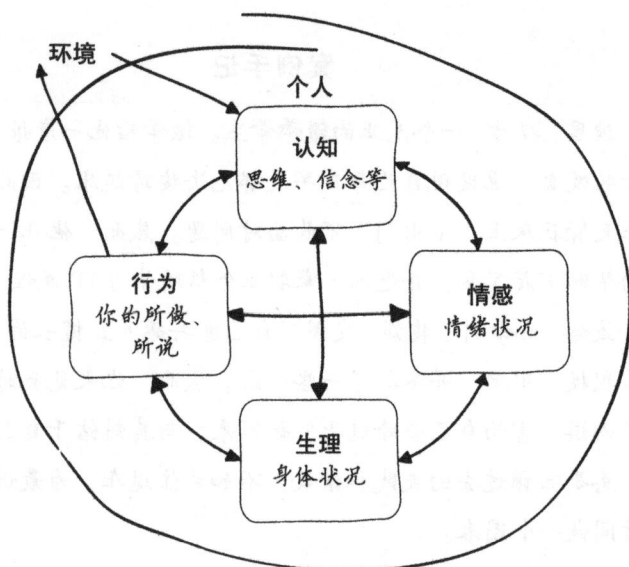

图 2-7　十字面包模型

下面让我们从一个现实的事例中来了解十字面包模型的作用原理。

森吉，45 岁，前不久刚被供职 20 年的电子公司解雇，并且没有拿到满意的辞退金，因此他很沮丧。现在，他正准备应聘出租车司机一职。森吉一直在等新工作的消息，不过他并没有太大的信心，他觉得自己年纪大了，老板们可能都不愿意雇他。

　　森吉的想法（认知）是典型的负面认知："我不可能有工作了 /
没有人愿意雇用我。"这种认知直接影响着他的情绪状况（情感），
他觉得很沮丧，这又反过来影响他的身体状况（生理），他患了重
感冒、唇疱疹，并且嗜睡、没有食欲。他情绪低落，不愿意出屋（行
为），整天就待在家里等招聘电话。他觉得出租车司机这个工作是
他最后的希望了，低落的情绪状态已经让他没有办法再寻找其他
的工作了，而他现在最需要做的恰恰是找工作。森吉对自己很没
有信心，他现在很难摆脱低落的情绪，没有精力展开新的生活。

　　图 2-8 是森吉的十字面包模型图。

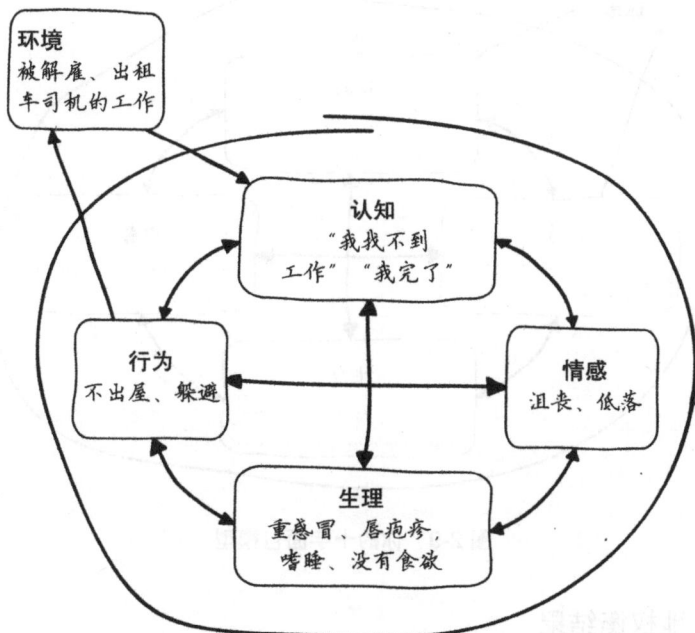

图 2-8　森吉的十字面包模型

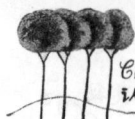

完成你自己的十字面包模型

仔细想想最近一段时间你生活中发生的特别事件，比如与朋友或恋人（爱人）争吵、工作上出现失误，或者是在某件重要的事情上失利等。此时，你的认知（思维）、情感（感觉）、生理反应（身体状况）及行为（动作、反应）是怎样的？当时的环境是怎样的？它是怎样影响你和事件的结局的？仔细想想，然后完成图 2-9。

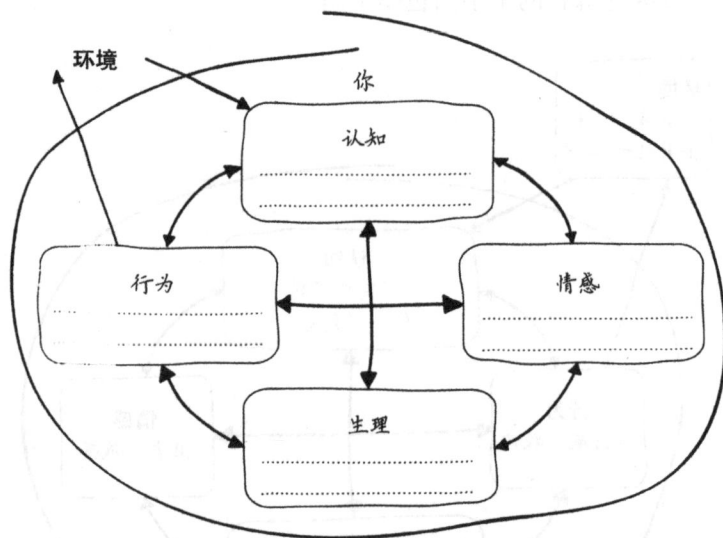

图 2-9 你的十字面包模型

科学地权衡结果

认知行为疗法强调权衡结果（measuring results）以展示真正的改变，这恰恰反映出认知行为疗法源于临床的科学心理学。

桑德拉，50 岁，害怕蜘蛛。桑德拉的恐惧来源于浴室里发现的蜘蛛。如果她发现浴室里有蜘蛛，她就会尖叫着冲出房间，好久不敢进屋。那么认知行为疗法的第一课就会让桑德拉冷静地对恐惧蜘蛛的程度做出评估，评估范围在 1 ~ 10 分。毫无疑问，桑德拉认为她的恐惧已经超出了 10 分，只要想到蜘蛛她就会发抖。

运用认知行为疗法的科学模型，咨询师会先让桑德拉看在浴室里发现的那种小蜘蛛的图片，然后让她看蜘蛛趴在咨询师的手上，此时让她再次评估自己的恐惧程度。这个过程叫做"暴露"，即把恐惧源暴露在来访者面前（我们将在第 7 章详细介绍）。

桑德拉惊奇地发现此时她的恐惧只有七八分了。她的咨询师指出，她的恐惧从超出 10 分降到只有七八分是一个非常有意义的转变，接下来再想办法将其恐惧降低。咨询师会在敞开门的浴室里放一只真的蜘蛛，然后让桑德拉进入浴室，或者让桑德拉摸摸咨询师手中的蜘蛛。最后，桑德拉要尝试着将一只小蜘蛛放在自己的手掌上。

当然这要经过一系列的认知行为疗法训练才能达到，但不可否认，从第一次训练开始，桑德拉已经渐渐有信心待在蜘蛛曾经出现过的房间了，她不再尖叫、逃跑。她的信心渐渐建立起来，恐惧逐渐降低，她认为自己可以变成一个不再对蜘蛛恐惧的人。

下面，我们来简单地回顾一下以上的内容。

◎ 对经验的解释影响感觉和行动，感觉又影响思维和行为。

◎ 通过十字面包模型，我们可以清晰地看到自己是怎样对待和处理困难的，并且我们能看出模型中各方面表现出来的

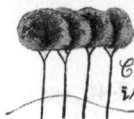

特征是什么。

◎ 认知行为疗法通过测试你的反应，帮助你更好地适应改变。

> 悲观者看到每个机会中的困难；乐观者看到每个困难中的机会。
>
> ——温斯顿·丘吉尔（*Winston Churchill*）

| 你自己的独到见解 |

半瓶满着还是半瓶空着

人是经验的集合体。因此，人的一生都在发展自己特有的观点、信念和价值观，并不断发展世界观及对各种事情（从起床到入睡，甚至是睡着和做梦时的各种事情）的解释方式。想法与现实之间的冲突将不断测试我们的观念和信念系统，就看你是否坚持自己的立场。

我们都知道关于半瓶水的哲学故事，你看到的是半瓶满着还是半瓶空着——这取决于个人的观点（关键在于你是悲观主义者还是乐观主义者）。如果你有一个约会，你是会想"哦！我想他（她）一定会放我鸽子的"（半瓶空着），还是会想"哇！他（她）肯定会喜欢我的"（半瓶满着）？

如果你是认为"半瓶空着"的那种人，就会觉得坏事总是发生在自己身上，甚至发生好事时你也会确信坏事即将出现。这就是典型的悲观主义者，这种想法能在他们的生活经验和信念系统中找到原因。相反，认为"半瓶满着"的人就是乐观主义者，如果事情一切顺利，他们就会觉得"很好，接下来将更顺利，好事即将发生"。

改变测试

测试你的观念

如果你想运用认知行为疗法解决自己的问题，就必须意识到自己独特的观念。问一问自己以下问题，并作出回答，可以回答"是""否"和"不确定"。

- 我是认为"半瓶满着"的那种人吗？
- 我愿意检查自己看待人、事、生活及世界等方面的潜在想法吗？
- 我愿意并有能力尝试新的思考方式和行为方式吗？我能够改变以前的观念吗？
- 我愿意重新审视自己的信念吗？我愿意仔细检查它们究竟哪些是有用的、哪些是没用的吗？
- 我愿意挖掘那些对我有利但还没发生作用的信念吗？
- 如果你的固执己见让自己犯了错，而你还拼命歪曲事实，那么，你是否有勇气承认你做过这样的事？

看一看结果：检查一下你选了多少个"是"，多少个"否"，多少个"不确定"。这就能反映出你的观念究竟是悲观的还是乐观的，抑或是不确定的。

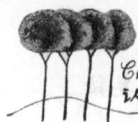

| 拒绝改变 |

你可能会觉得"做出改变"是涉及个人骄傲的问题，或者认为这是一场保卫你根深蒂固的原则和信念的生死决斗。这些想法都能从人们的宗教信仰和来之不易的生命体验中找到原因。你觉得自己是什么样的人？这个世界是如何运转的？认知行为疗法强调的是通过向这些根深蒂固的想法、信念和价值观发出挑战而打开你的思维，让你敞开自我，改变自己。

为什么要打开思维？因为，如果你想要改变自我，就必须先改变你的观念，即你看待自己、他人和世界的观念。要达成这个目标，不是提前花几个小时进行自我分析就可以的，而是要用一种实用、现实的方法意识到自我，只有这样，你才能在自己身上开展一些有趣的科学测试。它将帮助你看到更多关于你的思维、行为、反应及三者相互作用的细节。总而言之，它将教会你更好地认识自我。

勇往直前

认知行为疗法能够为我们提供一些在日常生活中可以随身携带的有用工具，帮助我们战胜潜在的消极想法。如果你想意识到这些想法，就可以把认知行为疗法当做工具去审视、洞察自己，还可以把它作为改变的战略。运用认知行为疗法会让改变成为可能。那么，第一步就是，在忙碌的生活中更多地了解你内心的那些真实想法……这也正是我们现在所追求的。

生活中的认知行为疗法工具箱

工具 1：制订计划，并坚定改变自我的决心。

工具 2：了解自己的世界观以及如何运用它。

小练习

回忆一下最近你是否突然决定做某事，是否匆匆忙忙地对某事的走向作出解释，比如在跟好朋友争吵、工作不顺利、资金出现困境或者是孩子不听话时。选择一个这样的事件，想一想你是否能用不同的方式再次思考这个事情。你是否已经掌握了全部的真相？你是否匆匆得出结论？你能不能理解别人的观点？在知道全部真相前你是否觉得低落、烦恼和生气？你能否用不同的方式看待同一件事情？记下 2 ~ 3 个场景，思考一下，对这件事除了你目前的观点外还有没有其他观点？如果有，是什么呢？下次再出现这种情况时你会怎样做呢？

CHANGE YOUR LIFE with

CBT

第 3 章
小心你的 "坏念头"

对于大多数人来说，他们认定自己有多幸福，就有多幸福。

——亚伯拉罕·林肯（*Abraham LINCOLN*）

你是否有"我这辈子完了……""我永远成功不了""没人喜欢我，我永远都不会受欢迎……""我又失败了，失败就是我的代名词……"这样的强烈想法？这些想法会让你忽略一扇幸福之门关闭的同时打开的另一扇门。发现那些消极想法，用认知行为疗法理解情绪，你会更加快乐、豁达。

生活掌控在自己手中。然而想法经常和你开玩笑，让你无法了解自己真正的想法。也许你想要变得成功、幸福、有能力、友爱、高效率、有组织性、冷静或者是积极向上，但是总有一些事情妨碍着你，有些事情会拖你的后腿，有些事情会让你感觉自己总是莫名其妙地陷入同一个困境。

当面临一些真正的问题时，你或许发现自己会陷入和过去同样的死胡同，例如在面对工作、人际关系等方面的问题时。确实，你也许已经非常成功了，但是你依然发现在取得更大成功的道路上还存在着绊脚石，或者你仅仅是在生活中的部分领域取得成功，而不是在生活中的每个方面。

我们已经在前两章中了解到，认知行为疗法的观点认为，实际上也许是你让自己跌倒，使自己变得消沉，阻碍自己取得成功，让自己畏缩不前，导致自己失败。这些通常就是消极想法的表现——也许你自己还没有意识到。某些时候，积极的人也会有消极的想法，但也许不那么容易发现。这些想法就像一股潜流，会时不时浮出水面。或许你不认为自己是个消极的人，只是在有情绪时有点过于挑剔或者严格而已。

在本章中，我们将会进一步具体介绍认知行为疗法，用这种方法来研究消极想法中的核心信念和功能失调性假设是如何导致我们失败的，并学会处理生活中的起起落落以及更难对付的情况。

当一扇幸福之门关闭时，另一扇门便会打开，而我们却往往长久地注视着那扇关上的门，而忽视了那扇为我们新开的门。

——海伦·凯勒（Helen Keller）

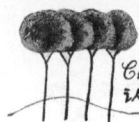

| 发现日常生活中的消极想法 |

花点时间想一想生活中你认识的人，是否有人充满活力、热情洋溢、轻松愉快、逗趣幽默，给你带来一种积极向上的感觉；有人却毫无生气、生活落魄、心情沮丧，从而让你也感觉心情沉重？我过去每天早晨都去游泳，有一位服务员总是开心地微笑，向我问好，这让我的一整天都非常开心，见到这位服务员对我而言是一件很愉快的事情。此外，我的邮递员每天来送报纸的时候，总是会站在门阶上说一些俏皮话。他们就是我生活中积极向上的人，他们在面对生活的挑战和困境时，总是带着积极和乐观的态度。我觉得他们足智多谋、适应力强，并能够在困境中生存下来。

乐观的人与那些总是无病呻吟或者脾气暴躁的人不同。消极的人甚至在等待红灯的几分钟里也会对着车窗外大爆粗口。他们总是看到事物的负面，感觉疲惫并创造属于他们自己的消极现实：他们会过分挑剔地对待任何事情，会在卖炸鱼和炸土豆条商店的队伍里挤来挤去，更有甚者，会在公交车站和别人发生争执。

人们往往想躲开这些人，因为他们的消极能量总是会被轻微的挑衅所点燃。就我个人而言，当我看到这种人向我走来的时候，我会选择转身离开——因为我知道他们的话题总是充满着无尽的悲怨和呻吟，也许是关于议会或者是对于天气的不满。

这些人总是在花丛中寻找腐烂的事物，并且让困难的工作一直存在。这确实很让人惋惜，他们错过了许多本应美好的事物。你觉得谁会喜欢这样？你会接受这样的人吗？或者说你是否也会像他们一样选择如此不恰当的方式？抑或你私下里认为自己也和他们一样？

洞察力

"我能行" 的心态

这个经验来源于那些已经克服自身困难的人，他们内心有一个声音对自己说"我可以"而不是"我不行"。积极的想法如何战胜了消极的想法？想要取得成功和改变的决心如何战胜了懒惰和停滞？所有的一切都取决于决心、对目标的专注、付出的努力、拥有的视野以及向着目标不断前进的执着。这些就是变消极为积极的必要因素。

反思自己的想法

就像我们在上一章中学习到的那样，"开始了解自己的想法"似乎是一件很奇怪的事情，需要花一点时间慢慢习惯，但是认知行为疗法现在让你做的仅仅是：开始反思自己的想法。这就是心理学中的"元认知"（metacognition）。一开始反思自己的想法也许会觉得很怪异，而且科学性思维的人（左脑占支配地位）比艺术性思维的人（右脑占支配地位）学习起来更容易。但是，探寻自己的想法还是有可能的——如果你每天练习反思，你就会感觉到它出现在你的脑海里。

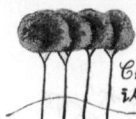

通常来说，男性在这个练习上表现得更优越，因为在某些条件下他们对于自己的感情会更加理性和镇定。女性将自己的想法从感觉中解放出来会感到有些困难，她们在面对自己的想法时也无法轻易地做到客观公正。然而从另外一方面来看，女性通常更善于协调自己的感情，但男性在微观层面上了解自己的感情却是一件很困难的事情。尽管这些只是推论，但也有一定的可参考性。

| 用认知行为疗法的方式理解情绪 |

> 想法是观点，而不是事实。
>
> ——认知行为疗法格言（CBT motto）

我们已经了解到，认知行为疗法可以识别你的消极想法，这些消极想法会导致消极的感觉，而消极的感觉又会引发消极情绪、消极行为，反之亦然。

认知行为疗法认为，人们主要有三种"认知"或思维类型：

◎ 负性思维；

◎ 功能失调性假设；

◎ 核心信念。

想象一个装满饮料的杯子，顶端漂浮着泡沫，中间是流动的液体，杯子底部则是沉淀物：这就类似于在认知行为疗法模式下，认知的三个层次被组织起来的方式，如图 3-1 所示。

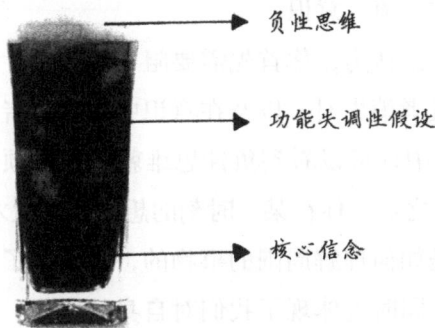

图 3-1　杯子图解

| 负性思维 |

　　负性思维（Negative Automatic Thoughts，NATs），是由认知行为疗法的创建者阿朗·贝克命名的。负性思维是认知行为疗法了解情绪工作方式的基本理论。负性思维是一种不断在意识中出现的思维。它们看起来就像是在一些作家的小说中出现的"意识流"，例如弗吉尼亚·伍尔夫（Virginia Woolf）或者詹姆斯·乔伊斯（James Joyce）。

　　负性思维的出现和消失是完全"无意识"的，它在脑海中出现，又消失，就像带着怀疑和痛苦的黑蝙蝠一样，在日常生活中我们几乎无法意识到它的存在。例如，错过了火车，你会认为自己"太愚蠢了，总不给自己留出充足的时间"；或者在某间商店试衣服的时候，看着镜子里的自己，你会觉得"哈哈，该减肥了"。负性思维在我们的脑子里"喋喋不休"，它是一种连续性的贬损，就像一场持续不断的评论，会逐渐摧毁你的自信与自尊。负性思维就是

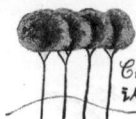

第1章所述的"二流"意识。

认知行为疗法认为，你首先需要阻止这些负性思维，并且在这些思维出现或者消失时，以及在意识中闪现或者消失时注意到它们。从图3-1中你可以看到负性思维就是杯子顶部的"泡沫"，当这些泡沫消失之后，你在某一时刻的想法和感觉才能显露出来。这揭示了我们是如何理解周围的事物的，也揭示了我们是如何理解这个世界的，同时也体现了我们对自身的定位。负性思维仅仅是一种被蒸发掉的表面现象，隐藏在它下面的是心理学层面的更深层的东西。

案例手记

迈尔斯，47岁，城市商人，和严厉的父亲一起长大。他的父亲是一个军人，从来不对他说"做得好"，他对迈尔斯做的任何事情都会挑毛病。不出所料，迈尔斯长大之后，发现自己很难因为取得的某些成就而称赞自己。他无法接受同事、家人或者朋友的积极评论。迈尔斯无论何时都会贬低自己和别人。在教育孩子时，他绝对是最严格的老师，不管一件事情孩子做了还是没做，他都会对孩子吹毛求疵。

直到后来，他破产了，他的妻子带着孩子离开了他，迈尔斯不得不面对消极信念给他带来的影响。他的情绪和心理崩溃了，这迫使他去面对自我。在一位认知行为疗法治疗师的帮助下，迈尔斯发现，如果他想要重建自己的生活以及人际关系，他必须学习用一些新的方式来看待自己和他人，中断他的消极思想。开始新生活的第一步就是不要总是那么苛刻。

负性思维严重侵蚀自尊心

学习使用认知行为疗法是否能改变你的生活？这部分取决于你是否努力去揭示自身所存在的负性思维，还取决于负性思维对你的生活所产生的影响，例如上面例子中提到的迈尔斯。负性思维就像是喋喋不休的谈话者，并且会不断地对你进行评论，使你意志消沉，给你所有的努力和成就都蒙上一层阴影。如果你想探究更深层次的、情绪上的问题，那么追踪负性思维显然是一个很好的开始。负性思维有着潜移默化的破坏性，不断地摧毁你的自尊和自信。

使用认知行为疗法时不需要你去分析自己的想法（这与其他你尝试过或听说过的治疗方案不同），但需要你去注意它们。为了帮助你追踪到自己的负性思维，我们有必要对其作简要的介绍。负性思维具有以下特征。

◎ 每时每刻都存在，喋喋不休——也许你才开始注意到。

◎ 可意识的——负性思维时刻揭示你的想法（这些想法并不需要被揭露）。

◎ 消极的——因为负性思维本质上是消极的，所以会使你意志消沉。

◎ 具体的——具体到你所处的环境（例如，晚上在漆黑的马路上散步——"太可怕了，我会被袭击的"）。

◎ 使你深信不疑——负性思维是我们给自己的评价，所以我们对它会深信不疑（例如，"我一点用都没有""我胖得连牛仔裤都穿不上""我总是错过最后期限"或者"我找不到合适的搭档"，又或者是"没人喜欢我"）。

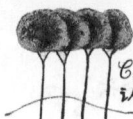

◎ 自我对话——我们会说服自己做某事或者放弃做某事；我们给自己贴上标签并且对此深信不疑。

◎ 持续的——特别是当你与根深蒂固的问题（例如抑郁）作斗争时，负性思维会不断地告诉你，自己有多没用，多不招人喜欢，多没价值，多无能，还有多孤独。

认知行为疗法中的定期想法记录

负性思维揭示了你根深蒂固的思维习惯，不管是对于自己、他人还是这个世界，所以你需要尽快意识到自身负性思维的存在，同时你可以借助下面所介绍的想法记录（如表 3-1 所示）。如果想要真正利用认知行为疗法改变生活，你必须在学习本书的同时每天进行负性思维的常规记录，或者下决心在一天、一周甚至一个月之中密切注意自己的想法——就算只注意几个小时，也能够帮助你意识到负性思维的存在，尤其在刚开始的时候。

表 3-1　想法记录：钱包丢了

事件 / 场景	负性思维	情绪
你的钱包丢了	"我就是个粗心的蠢货" "我为什么总这么笨" "这个世界太恐怖了"	自我厌恶 羞愧 生气 丢脸 恐惧 沮丧

从认知行为疗法的观点来看，丢钱包这个事件被赋予了意义，

并且你的负性思维揭示出了你对这个事件的解释。很明显，对于同样的一个事件你还可以有不同的解读。一些人也许认为钱包丢了不会对他们造成影响，这些人只会耸耸肩说："好吧，反正我的钱包很旧了。"一些人也许会因此崩溃，紧握双手然后使劲扯自己的头发。还有一些人也许会冷静地给信用卡公司和警察局打电话。另外，还有一些人甚至会很开心，因为丢掉了钱包他们可以向保险公司索赔，或者可以吃上一顿免费的晚餐。换句话说，我们给这件事情赋予的意义，以及我们在事中和事后的感觉，都取决于我们自身给这个事件附加的想法 / 认知以及解释说明。

这个想法是领会认知行为疗法的关键。现在你需要花时间去抑制最近出现的负性思维，想一想这些负性思维是由哪些事情产生的：或许你错过了公交车，开会迟到了；或许你在午餐时点错了三明治；其他司机冲你大吼大叫；你也许被其他人惹恼了；或者是遇到了解决不了的问题。请把它想象成一个促使你产生消极感觉的具体事件，然后填写下面的表格。

自 我 测 试

找出你自己的负性思维

事件 / 场景	负性思维	情绪

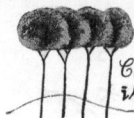

这个测试可以帮助你了解到，你是如何解释说明一件日常小事，以及如何把负性思维归因于日常事件的。

花几分钟问问自己：

● 你认为自己是如何思考的？

● 你是被左脑还是右脑主导？

● 你认为思考自己的思维是困难还是容易？

请把你的答案记下来。

强烈的愿望和想法

一旦开始思考你的想法，你就应该注意一些特别的、情绪化的想法，这些想法会突然并反复出现。这就是认知行为疗法术语中的"强烈想法"（hot thoughts）——这些想法会抢先占据你的脑海，并且充满消极情绪，让你陷入混乱。这就是称其为"强烈"的原因，换句话说，它可以控制情绪。

当你记录自己的想法时，就需要记录下那些特别"强烈"的想法。它们是那种抢先出现在思维之中的想法，这些想法大多数时间都带给人痛苦的感觉，而且经常反复出现。

如图 3-2 所示，"强烈想法"有可能是：

◎ "我这辈子完了……"

◎ "我永远成功不了……"

◎ "没人喜欢我，我永远都不会受欢迎……"

◎ "我又失败了，失败就是我的代名词……"

◎ "我解决不了，我想喝酒……"

图 3-2 "强烈想法"的例子 （典型的负性思维）

坚持记录你的想法

看看表 3-2 中关于丢钥匙的想法记录。这是引起负性思维出现的一个典型情景。此类事件所引发的感觉通常是焦虑、恐惧以及羞愧，同时还可能因自己过于健忘而气愤和恼怒。这时，负性

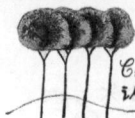

思维也许会是："任何人都可能捡到钥匙……"（恐惧），或者"我太笨了，竟然把钥匙丢了……"（生自己的气）。

刚发现钥匙找不到的时候，如果给自己的紧张程度估值，大概会是 75% 的焦虑（"如果钥匙丢在外面了，别人会捡到钥匙然后进入我的屋里"）。但是一旦你完全想通事件的结果，并且获得一个更加平衡的看法（"钥匙也许还在屋里"或者"我可以把门锁换掉"），这时你重新进行估值，那么结果大约是 30% 的焦虑。

贝克建议，在结束一天的生活之后，坐下来回想一下这一天发生的某些事情让你产生的负性思维，并把它们记录下来。可以使用和上面相类似的表格，并且使用手机、笔记本电脑、日记或者笔记本来记录（不管你在何地注意到自己的想法），让这些想法变得更加清晰，然后你就可以开始编辑一份有价值的记录，记录那些妨碍你成功和进步的想法（这些想法会反复出现）。

> 当花费时间去修补一个漏水的桶时，你却忽视了所有引领你发现快乐的途径。
>
> ——马修·理查德
> （*Mathieu Richard*）

表 3-2 典型的认知行为疗法想法记录：当你的钥匙丢了

事件 / 场景	感觉	负性思维	赞同	反对	可选择的平衡思维	重新评估的感觉
在屋里找不到钥匙	焦虑 75% 羞愧 40%	"我也许把钥匙丢在外面了……" "任何人都可能捡到钥匙……" "丢了钥匙，我真是个笨蛋……"	"如果我彻底地把屋子找一遍还找不到钥匙，那么我应该是把它们丢在外面了" "我在拿钥匙的时候应该更加小心"	"我以前丢过好几次钥匙，最后还是在屋里找到了" "就算有人捡到了，他们也不知道我住在哪" "我可以换锁" "钥匙那么小，确实容易丢，所以不能完全认为我太笨了"	"钥匙估计还在屋里。就算丢在外面了，给我带来风险的概率也是很小的，并且我可以通过换锁来以防万一"	焦虑 30% 羞愧 30%

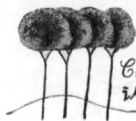

洞察力

学习领会自己的想法

想象自己拥有一张精神上的网，当那些"黑蝙蝠想法"出现几秒钟后你就可以用这张网抓住它们。像一个维多利亚时期勇猛的探索者一样，一旦抓住这些想法，你就可以阻止它们、检查它们，因此可以更加了解它们。如果你这样做了，你就可以看到你的想法属于哪种偏见或者痛苦……让你审视自己的内心、行为、人性以及困难。

坚持记录想法的七大好处

◎ 它能够揭示出你的情绪在一天、一周或者一个月之中是如何变化的。

◎ 它能够揭示出你在日常生活中任何固有的思维模式。

◎ 把自己的想法记录下来将会帮助你了解自身的思考方式。

◎ 它可以展示出某些事情是如何占据你的思维的——因此你就可以采取应对措施。

◎ 它是一种很好的训练方式，将帮助你更加客观地看待自己。

◎ 你可以利用这些记录进行回顾，以此来审视自从开始使用认知行为疗法后，你是如何取得进步的。

◎ 通过训练自己定期审视自己的想法，最终你会领悟到一种更加平衡、更富有选择性的思考方式。

| 功能失调性假设 |

让我们回到本章第二节所呈现的玻璃杯例子，如图所示，认知的第二层叫做功能失调性假设（dysfunctional assumptions，DAs），它处在杯子的中间位置（整杯饮料的"躯干"部分），也就是在负性思维（泡沫）的下方、核心信念（沉淀物）的上方。功能失调性假设构成了这杯饮料的主要部分，同时消极想法向上冒泡，在顶部形成了"泡沫"。

功能失调性假设是什么

◎ 它也许是一些无意识的想法，而且不是很容易理解，或者不像负性思维那样容易被注意到。

◎ 也许可以从文化的角度来对其加深印象或者给其下定义。例如，女性总是会优先考虑别人；或者男性必须赚到足够的钱来养活一家人。

◎ 它采取条件语句的形式，例如，"如果把钥匙搞丢了，我就会受到严厉的惩罚""如果我通过和别人争吵得到自己想要的结果，我就会遭人讨厌，因为我太自私了——所以我最好首先考虑别人"。

◎ 它通常是坚决、狭隘、可控以及广义的想法，它能使我们产生绝望感和无助感。

◎ 它促使负性思维的产生，它是众多苦恼、偏见、焦虑、抑郁、困扰的源泉。除此之外，其他一些需要我们克服的感情问题也来源于此。

◎ 它是"不良的"，因此它无法帮助你有效、灵活地解决生

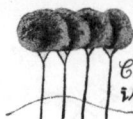

活上所遇到的问题（例如，你先告诉自己去不了商店，结果尽管你真的需要购买生活必需品，但你仍无法走出家门去商店购物）。

例如，你认为没人喜欢你或者没人愿意花时间陪你。在你最困难的时候，你总是告诉自己，你没有朋友，而且感到非常孤独。这就是一个功能失调性假设。事实上，如果你翻看自己的通信录或手机，也许会找到一长串可以联系的人名和号码，其实他们很久以前就是你的朋友或者熟人了。在你的通信录里可以找到学生时代的同学、工作时期的同事以及其他的朋友，是你自己忘掉了他们，总是认为自己没有朋友。

你可以通过以下途径挑战这种功能失调性假设。

◎ 通过短信、电子邮件、信件、Facebook 或是拿起电话与老同学、同事以及熟人联系。

◎ 下定决心去参加派对、生日酒会或其他聚会，虽然你告诉自己没人邀请你——尽管你已经收到邀请。

◎ 如果有人邀请你参加某些聚会，内心会有个声音告诉你"没人喜欢我，我不想去"，请在被这个声音说服之前答应对方的邀请。

◎ 挑战自身功能失调性假设的好处是，只要你阻止它们发挥作用，它们的威力就会减弱。

| 核心信念 |

处在玻璃杯底部的是沉淀的核心信念（Core Beliefs，CBs）。这些核心信念可以追溯到很久以前，直到你的童年时代，并且在你的一生中不断累积，形成了情绪和经验的沉淀。

核心信念是什么

◎ 它比负性思维更普通，而且是关于人的本质的，例如，"我太笨了""我总是那么不走运""我简直太不招人喜欢了""我一点用都没有"。

◎ 它是无意识的，就像功能失调性假设一样，很难揭露其本质；大多数的认知行为疗法都是从基础的认知开始入手的，首先关注负性思维，因为它是更容易理解的表面现象，并且可以反映出更深层次的情况。

◎ 它往往更加根深蒂固，难以改正——在很多你想要处理的极端事件中，例如成瘾、强迫症、虐待、创伤以及其他"困难"的事件。你也许有过根深蒂固的、反复出现的复杂问题，甚至可以追溯到童年时期。

案例手记

达伦，18岁，是一名警卫。他的核心信念是，"自己完全不招人喜欢"。部分原因是，父亲在他出生之前就离开了母亲。达伦的母亲尽其所能独自将达伦养大，但是她也逐渐给达伦灌输了一种想法，那就是：没有人可以信任，因为他们会抛弃你（像达伦的父亲一样）。

不幸的是，达伦完全生活在他母亲的怨恨中，并且发现每当他想和女性建立关系时，他总是表现出极强的嫉妒心和占有欲。"我是个多疑的人，"他承认，"她们说的每一个字我都不信……我每时每刻都在考验她们。"不出所料，

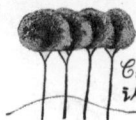

> 达伦发现他很难维持一段感情。他开始思考，之所以自己很难找到合适的女朋友，是因为"对别人的怀疑"以及"自己不受欢迎而且会被他人抛弃"的核心信念一直阻碍着他。

实际上，是他的不信任造成了女朋友的离去，可以说这是一种典型的自我实现的预言。因此，首先要让达伦看清楚谁是他生活中可以信任的人：他的母亲以及他在学校中最好的朋友。所以达伦认为至少有两个人不会抛弃他。事实上，当他想到这点时，很多他的女朋友都留在了他的身边，但是后来达伦赶走了她们。所以，如果要挑战达伦这种消极的核心信念——"没人喜欢我，没人愿意和我在一起"，认真地审视他的思维和行为方式会是一个很好的开始。

自我测试

个体痛苦的余象

某些时候，核心信念的产生来源于生活中的某个单一事件，例如在大街上被攻击或者被搭档抛弃了。这就会导致负性思维的产生，这些负性思维告诉你"我永远是受害者"或者"生活太不公平了"。或许这些可以累积成为一生的伤痛。如果确实是这样的，你也许可以考虑去看一下认知行为疗法治疗师，他／她可以在你鉴别负性思维、功能失调性假设和核心信念，并打算有效消灭它们的过程中引导并且鼓励你。

实际上，你被伤害的时间越长或者程度越深，你的困难就越难处理，特别是在孤立无援的时候。但是一切都并非不可能。然而，如果你愿意积极地做出改变，那么在这本书的帮助下，情况就有可能得到改善，甚至仅仅通过关注自身的负性思维，你就能进步很多。坚持记录常规想法会揭开那层阴影，而这层阴影多年以来都遮盖着你试图隐藏的真相。这样的累积效果将会带来微妙但深远的改变。

我们可以继续利用杯子图（如图 3-3 所示）来理解负性思维、功能失调性假设和核心信念。

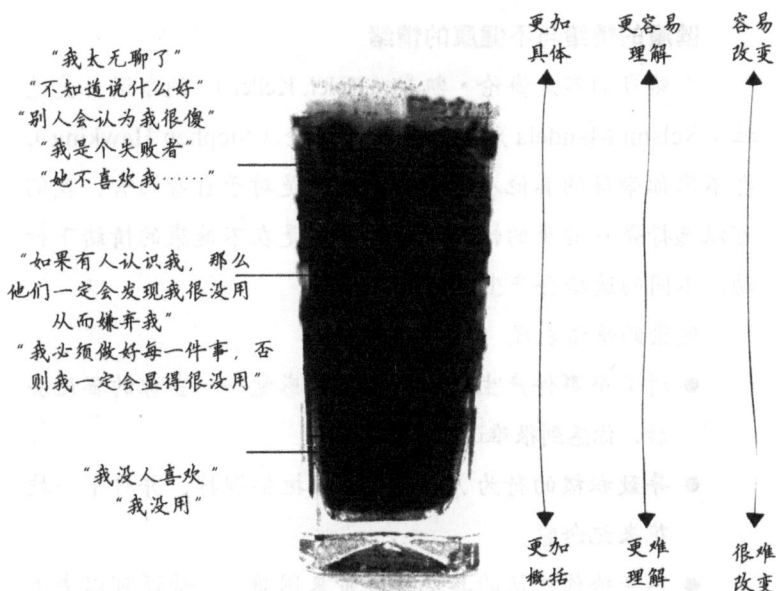

"我太无聊了"
"不知道说什么好"
"别人会认为我很傻"
"我是个失败者"
"她不喜欢我……"

"如果有人认识我，那么他们一定会发现我很没用从而嫌弃我"
"我必须做好每一件事，否则我一定会显得很没用"

"我没人喜欢"
"我没用"

更加具体 / 更容易理解 / 容易改变

更加概括 / 更难理解 / 很难改变

图3-3　杯子图

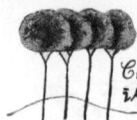

| 情绪管理 |

认知行为疗法可以分析你的情绪，其并不会过多关注你感觉的内容（如同通常的心理分析方案）；而会更加关注你产生某种感觉、想法，最后导致行为发生的过程（反过来也一样）。因此，认知行为疗法试图让我们用分析的眼光来看到自己的情绪，并能够彻底地理解，不管这些情绪是健康的还是不健康的，正确的还是不正确的。

真实性测试

健康的情绪与不健康的情绪

当然我们不是海伦·凯勒（Helen Keller）、纳尔逊·曼德拉（Nelson Mandela）、斯蒂芬·霍金（Stephen Hawking），也不像你崇拜的其他人那样伟大，但是对于自身而言，我们可以选择是在健康的情绪下行动，还是在不健康的情绪下行动，不同的选择会产生不同的结果。

健康的情绪表现

● 对某个事件产生的正确的消极感觉——当你的猫死去后，你感到很难过。

● 导致积极的行为/结果——你把猫埋掉，并种下一枝花来纪念它。

● 不会给你生活的其他领域带来困难——你还可以去上班，去和朋友聚会，尽管你很悲伤。

健康情绪的类型

● 悲伤、幸福、厌倦、懊悔、高兴、恐惧、害羞、尴尬等。

不健康的情绪表现

● 对于某个事件产生的过激的消极情绪——你的猫死了，你痛哭、咆哮、破坏你的房间或者喝得酩酊大醉。

● 导致有害的结果/行为——你惩罚自己、朋友和家人，并且不去上班。

● 给生活的其他领域带来困难——你窝在被窝里、不去上班、不参与社交活动、独自喝酒，就因为你的猫死了。

不健康情绪的类型

● 挑衅、嫉妒、内疚、恐惧、沮丧、羞愧、羡慕、孤立、成瘾、自杀的冲动等。

　　很明显，感觉仅仅是感觉，没有哪种感觉与生俱来就是"坏"的。感觉是组成我们情绪的必要部分，它的存在使得我们可以体验这个世界、与他人联系、喜爱我们的孩子以及彼此相爱。因为"感觉"，我们还会因不幸的事情而伤心、因快乐的事情而高兴，等等。从认知行为疗法的角度来看待情绪的健康与否，主要取决于情绪对事件的反映是否超过了事件本身，甚至说完全扭曲了事件本身的意义。我们之所以这样说，是因为我们每个人都拥有不同的经历和教育，但是认知行为疗法则关注"此时此刻"，所以我们需要学习在日常生活中变得更加慎重和合理。换句话说，认知行为疗法教会我们如何在各方面变得更加得心应手，同时减少各种事情的消极影响。

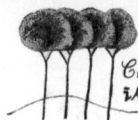

案例手记

曼迪, 30岁, 兼职教师, 她希望能为八岁的女儿举办一个成功的生日派对。她认为自己是一个非常有组织能力的母亲, 并且不愿意犯任何错误（她的核心信念是"我没用", 所以她通过在生活中证明自己很能干来反驳这个核心信念）。为了这个生日派对, 曼迪租下了一个会堂, 发出了邀请函, 并且准备好了食品, 除此之外她还请来了二十个小朋友, 还请到了马戏团的演员来表演节目。

派对开始后, 她突然意识到自己没有给孩子们准备派对礼包。派对礼包是一种传统, 通常在派对结束之后分发给来宾, 对他们的到来表示感谢。曼迪感到非常紧张和丢脸, 并且开始痛斥自己, "我怎么会把派对礼包忘了? 我怎么这么笨?" 但是她又想与其他母亲一较高下, 所以不想承认自己的错误。

对于这件事情, 曼迪可能会遭受到情绪上的伤害, 并且因为犯了一个错误而痛斥自己。幸运的是, 其他的母亲和好朋友及时发现了这个问题, 并且去买了些糖果在派对结束时发给大家。然而曼迪却认为这难以接受, 她认为自己能够做到井井有条, 但是当她真正去组织这个派对时, 她却没有办法做到尽善尽美。

她有一个选择: 要么继续认为是自己的失误毁掉了派对, 要么实际一些, 接受事情不是那么完美, 用好朋友提供的礼物勉强应付, 尽管她认为自己应该是个很棒的母亲。认知行为疗法会鼓励曼迪更加灵活一些, 在应对某些事情时使用更加现实的解决方式, 例如对她朋友的帮助表示衷心的感谢, 之后让生活继续。

生命的秘密是平衡，缺少平衡是生命的毁灭。
——赫兹拉·伊纳亚特·翰（Hazrat Inayat Khan）

反应过度

有一个关于丹尼尔的例子。丹尼尔感染了流感，他感到非常沮丧。因为某项工作的截止期限就要到了，并且还有一堆未付的账单压在他的肩上，而他却不得不待在家里，他非常厌倦一直待在家里。随着日子一天天过去，丹尼尔的脾气越来越暴躁，情绪越来越低落，所以，当丹尼尔的妻子带着生活用品和吵闹的小孩（艾米）回到家里时，他非常生气。

当孩子跑过来抱住他的时候，他将孩子一把推开。孩子摔倒在地上放声大哭。尽管妻子对于丹尼尔患上流感感到很难过，但是依然对他的做法很不满，她抱起哭闹的孩子气愤地走出了房间。现在，丹尼尔更加沮丧和不安了。他带着自我厌恶和不满陷入了更深的忧郁。

如果我们尝试从认知行为疗法的角度来理解丹尼尔的情绪反应，就会得到如表 3-3 所示的表格。

表 3-3　认知行为疗法：丹尼尔的不健康情绪

情景	个人定义	不健康的情绪
把孩子推开	"我是个坏父亲，我不应该伤害孩子。我是个差劲的父亲和丈夫。我恨自己"	内疚、自我厌恶、愤怒、丢脸、羞愧

丹尼尔的情绪反应过于极端，他失去理智的行为导致他认为自己很恶劣，并且充满内疚和自我痛恨。当然，把不满发泄在孩子身上永远不是一件正确的事情，但是丹尼尔的内疚与他给孩子所带来的伤害是不成比例的，他的羞耻和羞愧可能会使得他逃避现实并痛恨一切——从长远来看，这会伤害他的孩子以及他和妻子的关系。如果丹尼尔能够像一个正常人那样，把这种行为和自责分开，那么情况会好很多，那将会是一种更加健康的情绪。

丹尼尔也可以选择用一种健康的情绪反应去应对这件事，如表 3-4 所示。

表 3-4　认知行为疗法：丹尼尔的健康情绪

情景	个人定义	健康的情绪
把孩子推开	"我希望自己没推开艾米，但是我生病了，心情不好。我对自己的行为感到很难过，很抱歉——我不是个好父亲，也不是个好丈夫"	伤心、懊悔、自责

这种情绪反应更加恰当和积极，没有把所发生的事情看成世界末日。是的，丹尼尔需要真诚地向孩子和妻子道歉，给予她们拥抱和安慰，而不是去激化出一个激烈的、充斥着大量自我批评的状态。

丹尼尔需要提醒自己和家人回忆以前快乐的时光，例如，他带着艾米去公园，睡前为艾米读书，当艾米害怕黑暗的时候去安慰她。除此以外，他还需要回忆以前给妻子按摩、帮助妻子照顾孩子的情景或者在事业上取得成就的

> 你如何思考，你就是什么样的人。每个人都是自己的杰作。
>
> ——塞万提斯（Cervantes）

时光，那样他就会得到更加正确的观点。丹尼尔应更加冷静地看待这次发生的事情，弄明白事情的来龙去脉，之后做出调整，以免事情再次发生。

自我测试

你的情绪有多健康

花几分钟回想一下发生在你生活之中的事情。最近一段时间，对于某些事情你有没有像丹尼尔一样的反应（或者过度反应）？你在工作时，和家人、朋友、伙伴或者孩子相处时，有没有出现某件事情点燃你的不健康情绪，而实际情况却和你的反应不相称的情况？

把自己放到显微镜下，诚实地思考一下：

● 是什么样的情况？

● 你的反应如何？

● 个人定义是什么？

● 这种反应是健康的还是不健康的？

● 你的反应是恰当的还是过激的？

改变测试

本章的重点是辨别你的：

● 负性思维；

● 功能失调性假设；

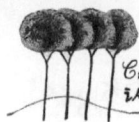

● 核心信念。

本章鼓励你坚持：

● 记录自己的想法，这样，你就可以识别自身的负性思维。

同时，本章认为你需要注意：

● 健康与不健康的情绪反应，以便你的行为能够变得更加恰当并减少消极的方面。

你可以使用"想法记录"来做些什么，一旦你开始记录想法，那么经常拿起你的记录看一看，并且尝试以下做法。

● 尝试找出自己的负性思维。

● 发现自己的功能失调性假设。

● 看自己能否识别自己的核心信念。

● 尝试转变负性思维，当你努力寻找一种可选择的现实时，请告诉自己与负性思维相反的想法。例如，如果你认为"我很丑"，那么请告诉自己"我很美"；如果你认为"我没希望了……"那么请告诉自己"我干得不错……"试一试，看看自己这么做了感觉如何。

● 定期回顾你的想法记录，找出想法中的任何变化。

生活中的认知行为疗法工具箱

工具1：制订计划，并坚定改变自我的决心。

工具2：了解自己的世界观以及如何运用它。

工具3：发现并记录自己的消极想法。

　　记下你的想法。花几分钟思考一下自己的想法。在一天结束之后，写下一天中反复出现的"强烈想法"。它们是健康的还是不健康的？你是否注意到哪个想法对你的影响最大？

　　虽然你已经注意到了自己的消极想法，同时也坚持定期地记录想法，但是依然需要更加细致地了解自己的情绪，特别要注意它们如何累积成了认知行为疗法中所谓的"思维误区"。

CHANGE YOUR LIFE with

CBT

第 4 章
小心思维的 "陷阱"

生活是由人的思想构成的。

——马可·奥勒留（*Marcus Aurelius*）

你是小熊维尼的朋友——屹耳吗？你认为这个世界上的事情不是黑就是白吗？你觉得命运一直在捉弄你吗？你是否感觉朋友们都不那么喜欢你？快要迟到时你是否会想老板肯定会开除自己，然后一切都完了？其实，生活没有你想得那么糟糕，你会这样悲观是因为那朵"小黑雨云"笼罩着你，而它就是你需要警惕的——思维误区。

还记得那头悲观的老毛驴屹耳（Eeyore）吗？他是小熊维尼的朋友，他住在百亩林的一个房子里，房子外面挂着一个牌子，上面写着——屹耳忧郁的地方：是沼泽地，也是悲伤地。屹耳总是用他的黑色幽默语气悲叹："一切都没意义"或者"一切都会发生在我身上"。的确，屹耳是一个夸张的漫画形象——但是谁又敢说从未见过这样的人呢？或许，在屹耳的谨慎悲观主义（屹耳看到的总是"这里只剩下半杯水"而不是"这里还存有半杯水"）里，我们会多多少少地看到自己的影子。当然，对于快乐的维尼来说，屹耳就是最大的衬托，维尼总是无忧无虑地生活，而且会和伙伴们参与各种冒险。

类似的例子很多，无需一一列举。屹耳最可笑的事是，无论去哪里，他总要拉上"小黑雨云"与他一道，尽管他知道，"小黑雨云"一直就没离开过自己的身边。对于维尼来说，活在悲伤中本来就是一件很讨厌的事，因为生活充满了乐趣；而在屹耳看来，悲惨是生活的"第二个特质"，是生活的本来面目：他确信自己的命运是悲惨的。

我们观察屹耳的负性思维（这个词是在第 3 章中出现的），会发现它们可能是："不管怎样，都不会有人喜欢我"，接着向下看会发现，屹耳的功能失调性假设是："所有坏事都发生在又老又可怜的我身上"或者"在我的生活中，做什么都不顺"。最后，我们会找到他的核心信念："我一点也不讨人喜爱"或者"我是一个彻头彻尾的失败者"，如图 4-1 所示。

为什么屹耳很可笑，除了他自己，我们大家都明白原因。事实上，屹耳内心保留着消极信念是因为这让他感到心安。

屹耳在头脑里构造了他所认为的事实：他一直都相信自己的

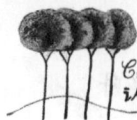

命运很悲惨，自己就是悲惨的代名词。

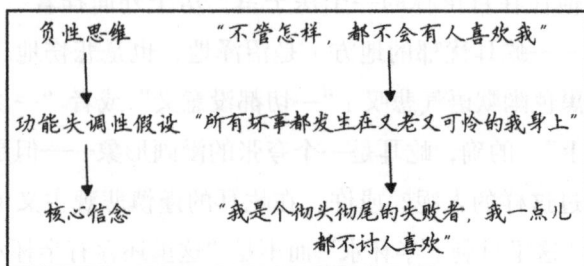

图 4-1　屹耳的负性思维图

如果我们问屹耳是否愿意放弃他的"小黑雨云"思想，他可能会说"没意义"或者"那会有很大影响吗"。屹耳坚持着他那种消极过时的思维方式，因为那似乎是他活在世上的唯一途径。他心安地想着："如果不是'小黑雨云'时刻提醒我世上的一切都是糟糕的，我指不定会变成什么样呢。"

| 自我实现的预言 |

从认知行为疗法的角度来看，要想了解消极思维如何塑造我们的整个生活，屹耳就是很好的例子。屹耳不仅构造他所认为的事实，而且还随身携带着它，以便它能变成一个"自我实现的预言"。阳光明媚，天空蔚蓝，那一定是个好天气，大家如果没事干，就会喝着茶，吃着点心，在外面晒晒太阳。可屹耳依然随身携带"小黑雨云"，并用它遮挡太阳。他的负性思维是："过一会儿我就觉得很难过。"所以，他依然会用消极的思维方式认识现实问题。

采用认知行为疗法（当然，前提是屹耳愿意改变自我），会让屹耳深刻体会到：事实上，每天带着消极世界观（负性

> 事实与经历并非是人生的全部，更为重要的还有长久以来深入我们大脑的思想。
>
> ——马克·吐温（Mark Twain）

思维）或者消极想法去生活，与他的利益是相违背的。似乎厄运之神找到他以后就紧紧黏住他，让他再也脱不了身。具有挑战性的一步是，让他看清他对自己做了些什么，也让他知道，他是有机会甩掉厄运之神的，这样他就会拥有积极乐观的心态。

| 辨别"思维误区" |

消极想法的累积效应：产生"思维误区"（thinking errors）并瞬间控制你的生活。这些"认知变异"（cognitive distortions）在你的性格里越来越明显，以至于你真的以为它们是你洞悉一切的根源。从表面上看，屹耳的"小黑雨云"思想不仅渗透到他的大脑里，还延伸到他生活的方方面面，以及肉眼可见的所有领域。"思维误区"就像一个"思维陷阱"，消极想法诱导我们掉入此陷阱并让我们陷得更深。

案例手记

罗里今年 52 岁，他是一个个体户老板，一直都努力经营生意，他觉得自己根本没有时间去结交新朋友，甚至都没空联

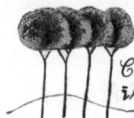

络老朋友。当他的孩子们长大离家之后，他和妻子的生活开始变得枯燥乏味。有时候，只要妻子一外出，他就不高兴。妻子喜欢跳萨尔萨舞，也总和她的好姐妹一起购物、吃午餐甚至晚饭；而罗里，每天都工作到很晚，常常是一个人吃晚饭。慢慢地，他与老朋友之间的关系也越来越淡，他放弃了最喜爱的体育运动，和家人联络感情的方式仅仅是一张圣诞贺卡。

罗里坚信，问题是出在别人身上。情绪低落时，他总这样想："我再也不会有朋友了。"或者"看简（他的妻子）多好，她不用为赚钱牺牲一切。"事实上，罗里的朋友和家人一直一如既往地送生日贺卡和生日礼物给他，但这看上去似乎是徒劳。他们希望与罗里保持联系，但真的不明白为什么他不愿意这样做。而且，老朋友仍然通过电子邮件问候他，一次又一次地打电话约他去酒吧喝酒。罗里总是不理会或者拒绝他们，他觉得自己根本没时间参加这种无聊的社交活动。与此同时，他还是维持着他的"思维误区"——这事跟自己无关，只是别人的问题。

"误区"这个词语并不是指什么错误，所以你不要有所戒备地感觉自己似乎犯了错误，其实它与真实性测试有关。到目前为止，你对发生在你身边的事已经做出过解释，真实性测试需要你对其重新做出解释。在我们的生活中，难免会有一些不由自主的行为和想法（你可能曾经设想过），而"思维误区"助长了这种行为和想法，所以它会对我们造成伤害。本书的目的在于，让你能发现你的思维误区并修正它们，这样你就能继续过一种更美好、更满足、更轻松、更丰富多彩的生活。只要你能清晰地意识到这一点，你就有能力改变生活。

| 贝克的消极 "知觉三角模型" |

贝克创建了一个 "知觉三角模型"（如图 4-2 所示），这个模型揭示了 "思维误区" 是如何阻碍我们成长的。举个例子，普尔克士总想尽力成为一个好的公司管理者，但他老是发脾气。当他呵斥和命令下属时，员工们要么对其置之不理，要么刻意与他拉开距离，所以他发怒所得到的效果与他预想的恰恰相反——让他更愤怒。

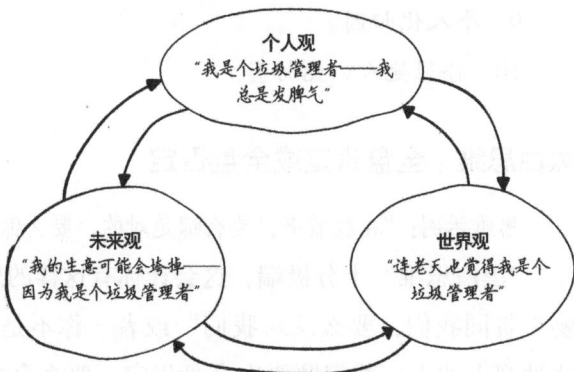

个人观
"我是个垃圾管理者——我总是发脾气"

未来观
"我的生意可能会垮掉——因为我是个垃圾管理者"

世界观
"连老天也觉得我是个垃圾管理者"

图 4-2 "知觉三角模型"（以普尔克士为例）

| 十大 "思维误区" |

本书认为，常见的 "思维误区" 会定期在我们的消极想法中出现，下面我们对它们做了一个大致的分类。这些类别之间不可避免地会有一些交叉、重合部分，但是，从你复杂的思想变化中把它们梳理出来，这对你是很有帮助的，通过这样做，你可以判断出你的 "思维误区" 可能属于哪一类。

1. 黑白思维。
2. 笼统概括。

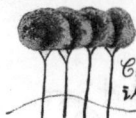

3. 心理过滤。

4. 贬低事物的积极面。

5. 读心术／算命。

6. 夸大一切——灾难宣扬者（以及轻视一切——否认灾难者）。

7. 情感推理／奇幻式思维。

8. 条件性思维——总爱讲"应该"。

9. 个人化归因。

10. 怪罪他人、贴标签。

黑白思维：全盘肯定或全盘否定

思维示例："在我看来，要么都是对的，要么都是错的……"

"黑白思维"十分极端，这会让你有这样的想法，类似于"你要么赞同我们，要么反对我们"或者"你不是对就是错"。持有这种观点的人，看问题要么全盘肯定，要么全盘否定，他们的思维会陷入这样一个困境：把所有事物都简单地分为"好"与"坏"两种。尽管这种思维可以造就成功的政治家、商业巨头与领袖，可是，它让"黑白思维"两个对立面之间的"灰色地带"无处容身，这样的后果是十分危险的。

案例手记

伯纳黛特今年38岁，和黛西合伙开了一家街角花店，黛西今年37岁，是伯纳黛特的校友。伯纳黛特很兴奋，因为她喜欢掌管一切。在店里，她负责采购鲜花，处理客户订单以及花店的一些资料等；而黛西负责筹备和设计，她很擅长与客户打交道。一天，伯纳黛特生病没来（这种情况很少发生），只好由黛西来打理花店。黛西额外买进了一些红色非洲菊，当时这花在市面上很流行，超市也在搞特价。平时她都会先征求伯纳黛特的意见，可是今天伯纳黛特生病了，所以黛西就没有去打扰她。其实在内心里，黛西还是隐隐有些担心伯纳黛特的反应的，但是转念一想，伯纳黛特没准儿看了也会觉得这是笔好生意呢。

但是，当伯纳黛特第二天返回店里上班，看见额外买进的鲜花以及工作日程的改变（虽然非洲菊都卖出去了）时，脸色顿时变得很难看。她并不觉得黛西帮了她的忙，反而觉得黛西干涉了她的工作。伯纳黛特没有看到，黛西是用自己的创新思维促成了一笔好买卖；相反，她更关注的是怎么守住店长的地位并牢牢掌控花店。

伯纳黛特并没有对黛西帮自己看店表示感谢，却因为额外买进的鲜花而对黛西一直没有好脸色，还故意找茬儿，黛西因为做了"错事"（其实她并没有做错）而觉得自惭形秽。这也给黛西传达出一个信息：做好自己的分内事，不要出风头。黛西闷闷不乐，觉得很委屈。她的反应让伯纳黛特在后来的生意中更多地运用这种极端思维方式，从而挫伤了店里员工的积极性。时间会证明，这种思维方式的危害很大，付出的代价很高，特别是在黛西辞职后去开创自己事业的时候。

"全盘肯定或否定"的思维方式掩盖了事物的微妙变化或细微差距。这种思维方式僵化而没有人情味。生活很复杂，单凭这种思维解决不了所有的问题。所以，运用"黑白思维"去思考或行动的人会发现，生活的复杂性会让你咋舌。

举个例子，假如你想从一个班的学生中分辨哪些是"好"学生，

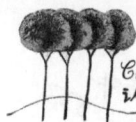

哪些是"坏"学生，让他们在操场上站成一列，你可能发现，要严格地分出好坏很困难。每个孩子既有好的方面，也有差的方面，只是程度不同，即存在难以把握、模棱两可的情况。用"黑白思维"思考的人在处理这种模糊情况时是极其困难的。

然而，这种思维方式似乎"力量很强""很重要"，它让人学会用理性和/或保守的观点看问题。"黑白思维"往往会挑起战争和家庭纠纷。当人们发现"黑白思维""虚弱"地站不住脚，而不得不承认两个对立面之间的"灰色地带"时，唯一的办法就是，向两者中的任意一方靠拢（离婚和商业竞争就是这样）。这种思维方式的危害在于：当你忙于将一切事物分成两个极端时，你会错过一些有价值、可替代的中立观点和解决办法。

改变测试

测试 "黑白思维"

● 警惕你想法中的"黑白思维"成分，陈述意见和看法时，尽量用确切的词语，诸如"不得不""应该""必须"。

● 尝试把鞋反穿，看看你的思维方式会变成什么样——跟之前的类似吗？前后的区别在哪里？

● 告诉自己"那很复杂"，然后想象一下，所谓的"灰色地带"是什么，你也可以写在纸上。

● 下一次，当你发现你对某种"肯定"观点不太赞同时，静下心来想一想，是不是还有其他观点值得我们考虑。

寻找 "中间地带"

你可能觉得，坚持"黑白思维"，生活过得也很好，因为它是人们必不可少的一个原则或性格特质。你要记住，看问题不是只有两个角度，另外，如果总把一切事物分为两个极端是会引发心理疾病的。丢掉这种极端思维，尝试将事物放在一个连续体中考虑——试着将其移至中间（如图 4-3 所示），然后得出你的观点或看法。刚开始你会觉得很奇怪，但要想改变自我，这很值得一试。

黑　　　　　　　灰色地带　　　　　　　白

图 4-3　思维的 "灰色（中间） 地带"

笼统概括：以偏概全

思维示例："只能凭运气，生活中一切都不顺……"

如果你持有"笼统概括"的思维，你就会以偏概全，将某一个事实作为指引你人生的信条。你输了一场壁球赛，你会说："我会输掉所有的比赛，我决定放弃……"；朋友本来说好要给你打电

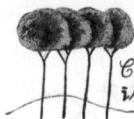

话，但后来忘记了，你的结论是"我知道她/他讨厌我"。一般情况下，"笼统概括"是指以偏概全，它是一种小题大做的心理状态。

如果你总以偏概全，你会认为，根据已发生的事，你可以准确地预测将要发生的事。你这样做，也许只是出于自我保护的错觉，最后的结果是你预测的事情真的出现了。举个例子，下班后，同事们并没有约你一块去酒吧，你会告诉自己（防御性的），"我知道：在公司里我最不受欢迎，我以后再也不会有朋友了，也不会有所成就了"。如果你认同这种观点，你肯定会以这样的方式（最终会带来严重后果）来思考和行动。跟别人说话漫不经心，总是拒人于千里之外，喜欢生闷气——带来的后果是，下一次酒吧聚会更没人邀请你了。

"笼统概括"会形成一种"自我实现的预言"。你告诉自己，"公司里没人喜欢我，还是放弃一切尝试吧"，这样就再也不会有人邀请你了。接着你会这样想"看，我就知道会这样"，最终会形成一种消极思维的恶性循环。在屺耳的生活中，悲观思维方式只会不断地给他带来消极的后果。

案例手记

多琳今年25岁，她每月都会收到一封电子邮件，邀请她去市中心的一个酒吧和大学校友们一起喝酒，她把这些邮件全部都删除了。她告诉自己"他们其实并不希望我去"或者"他们只是可怜我，我从来就不受欢迎"。因此，当每月聚会的那天来临时，多琳都会刻意不去想，认为"那个聚会本不属于自己"。她内心也会感到困扰，但她仅将其看做"愚蠢"的表现。

某个周六，她巧遇大学同学克莱奥。他们简单地聊了几句，当多琳准备离开时，克莱奥说："顺便问一下，为什么每次酒吧聚会你都不来参加呢？现在的我们对于你来说就那么不重要啊？""什么？"多琳整个都呆了。"我跟你们想的相反——我觉得你们不是诚心邀请我去的。"这下轮到克莱奥开口了，"究竟因为什么让你有这样的想法呢？如果我们不希望你去，为什么还要邀请你？要知道，有好多人并不在邀请范围之内。"

多琳听了瞠目结舌，她从来都没往这个方面想过，因为她总以自己的感觉去猜测别人对她的评价。最终，她承认是自己想错了。次月，她决定去参加酒吧聚会，虽然还是会有点紧张。多琳终于意识到，不愿意参加聚会是因为自己害羞，而不是朋友们不欢迎她，这才是问题的根源所在。

改变测试

你有过 "笼统概括" 的行为吗

- 从某件小事得出整个结论，你做过这样的事吗？如果是，尝试用一种开放的思维看问题，首先看一下，你对某件事是如何看待的。

- 你曾经认为自己会看透别人的想法吗？如果是，要承认这个事实：你完全想错了。任何事情发生的背后都有一些东西是你一无所知的，所以一定要用开放的思维看问题。

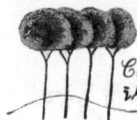

心理过滤：抽取一部分事实或观念，以支持自己的消极思维

思维示例："我就告诉过你会……""我知道将会发生……"

"心理过滤"是指：我们通常会剔除某件事的积极面。我们每时每刻都在这样做，它是一种危害极大的"思维误区"。你的大脑就像一个硕大的过滤器，只留下了能从小孔隙穿过的物质。如果你用这种方式过滤你的想法，你的消极知觉会加强，因为你只挑选出了和你消极世界观相符的观点，而排除了其他观点。

案例手记

托马斯今年60岁，是一个已退休的老会计，他总觉得没人喜欢自己。妻子过世后，他变得越来越孤僻，因为他总把自己窝在家里，朋友约他吃饭或周末外出，他都会推辞。他的手机也总是早上7点开机，晚上12点关机。渐渐地，人们得出这样的结论："他喜欢独处。"他总是蹲在小菜园摆弄自己种的菜。然而，在内心里，托马斯是很寂寞的，他害怕自己慢慢变老。他的独子格雷格为他举办了一场生日聚会，最终宾客们来了。因为怕他不乐意，所以只有一小部分人来参加聚会。生日聚会举办得很完美，但是托马斯却对儿子（他很精心地准备生日派对）说："瞧，我就告诉过你没人会来。"

这极大地破坏了父子之间的关系，因为格雷格觉得父亲在轻视自己。托马斯忽略了聚会的愉快部分，因为他的目光并没有聚焦到赴宴宾客的身上——而是更关注缺席的人。他过滤掉事物的积极面，这让他的消极心态更加强烈，从而变得孤僻、不讨人喜欢。

托马斯只关注缺席的人，并没有考虑尽量来赴宴的人，这更加强了他的 "核心信念"："我不讨人喜欢" 以及 "我很没用"。如果他能真正意识到，那些来赴宴的人为了参加聚会都精心打扮、坐很久的车，还为孩子请了临时保姆，他就会知道人们有多喜欢和重视他。问题在于，他一直坚持的 "过滤性思维" 难以让他承认积极想法的存在。

改变测试

- 你曾经将某事物的积极面剔除而只保留其消极面吗？如果是，尝试将二者均衡一下，你可以多关注事物的积极面来弥补这种不平衡。
- 你正盯着一张大图看，为了让自己不再专注于它，你能迅速想出一两个解决办法吗？如果是，尝试扩展你的思维——不要只站在令你舒服的角度想问题，视野要放宽，当你这样做的时候，记得给自己信心。
- 你知道在什么情况下你会做出这样的反应吗？你可以列举出来，例如，在别人赞扬你或者向你表示祝贺的时候，你倾向于过滤掉他们言语中的积极因素。

贬低事物的积极面

思维示例："是的，但那真的代表不了什么……"

这种思维方式的表现十分微妙，不易被人察觉，但它的后果

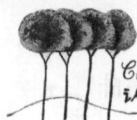

是很严重的。它会产生"消沉"效应,动摇你的自信心,打击你的自尊心。如果你从来不把成就归功于自身,这势必会影响周围人的积极性。持有这种"思维误区"的人总是把焦点转移到别人身上,不喜欢受人关注,也看不到事情的积极面。这对别人来说也是很大的困扰——特别是当你用这种思维方式去看待别人及其成果的时候。它让你看上去似乎对一切都满不在乎,而你的人生也不会充满乐趣和幸福。

洞察力

你曾经贬低过某事物的积极面吗

在公司上班,有一次,你干了件很漂亮的事:完成一个目标、写了一篇报告或者成功主持了一个棘手的会议。上司和同事都向你表示祝贺,而你却不屑一顾,还说"那没什么"。如果你是代表公司整个团队去做这件事的,其他同事就会很愤怒。你贬低事物的积极面,表面上,你是在轻视和贬低自己的成就;实际上,你同时也低估了其他成员的努力。如果以这种方式去对待孩子,则会严重打击他们的自信心、自尊心和自我价值认同感。

查韦斯今年35岁,他总觉得自己是一个老好人。有一次,他母亲让他帮忙粉刷房子,于是在一个阴天的周末,查韦斯叫上妻子丹尼丝一起帮母亲粉刷房子。他们的周末本应愉快地度过,但这份差事却乏味又冗长。完工后,母亲邀请他们出去吃饭以表示谢意,丹尼丝觉得很开心,可是查韦斯却说："这没什么，妈妈，快收起你的钱。"妈妈当然觉得儿子很懂事，可是丹尼丝内心极度愤怒。她毕竟放弃了大好的周末时光，可在查韦斯看来却太理所当然了。事实上，丹尼丝也希望粉刷完房子后可以好好地吃顿饭。

读心术 / 算命

思维示例："我知道他们都不喜欢我……"

"读心术"——有人称其为"妄下结论"——我们每时每刻都在做这样的事，如果我们继续不恰当地使用它，就会造成很大的危害。从本质上看，"读心术"是一种防御行为，目的是保护你不受攻击或侵犯。问题是，它并不准确，甚至是人"妄想"出来的。如果我们没有了解到人们的真实想法，我们可能会对他们的举止行为、话语和行动的真实意义作出各种奇思妙想和假设。我们总是花很多时间一遍遍地猜测别人的想法，却从未证实过其真实性。这个"思维误区"是此类行为的主要原因，因为它对他人和世间万物作了大胆假设，目的是将其消极观点运用于他人和世间万物。

洞察力

女性为什么热衷于猜别人心思

现实生活中，女性更热衷于猜测别人的心思，当然也不完全是这样，有些男性也在这样做。在女性圈子里，不论是在单位还是在家里，某人的一个表情或者一个动作都

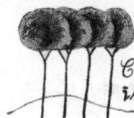

会引发她们各种各样的猜测。她们想通过一些"线索"猜测别人对自己的看法和感受，并且乐此不疲。如果不去求证其真实性，她们得到的信息往往是错误的：所以，定期进行事实论证是很有必要的。你可以问朋友或同事，他们的真实想法是什么——并认真聆听其回答。

改变测试

● 如果你也有猜测别人心思的倾向，可以询问朋友或同事，看他们对你的发型、你举办过的聚会或者你写的报告有什么看法，借此找出你的信念。尝试说："谢谢你那样说"或者"很感谢，你的话让我很开心"，你索性就把他们的话当成是他们的真实想法，而不去追究话语里的"隐含意思"。

● 如果你有推算命运的倾向，一定要及时制止，你应该将思考范围限定在当前。如果你能看出别人对你的新服饰或个人简历的想法，不要探究它对你以后的影响。如果你只是一味地猜测别人的想法而不去求证它，得出的结论肯定是不准确的。

夸大一切——灾难宣扬者（以及轻视一切——否认灾难者）

思维示例："世界末日将要来临……"

我们常说的"灾难宣扬者"，其特征是这样的：当看见一个蚁丘时，他会觉得那是座大山；有一座火山喷发时，他觉得那会毁灭地球，甚至整个宇宙。就像前面描述的那样，"灾难宣扬者"似乎对一切都很了解：世上的一切都是糟糕的、可怕的、灾难性的，困难没有等级之分，最终的结果都是一样的。夸大灾难，将事情往最坏的方面想，这样做带来的麻烦是：让人们没办法估计事情的严重程度。

如果你总预言灾难马上会降临，并且有很强的悲观情绪，这说明你总是感到很害怕。你持续紧张，做事小心翼翼，并时刻准备"战斗或者逃跑"，在你看来，发生的一切都是"灾难：世界末日"。这个"思维误区"存在的问题是：让人们在权衡某事的困难或危害程度时失去判断力。

如果每当有事发生，你马上就划定一个灾难发生区，那么这会耗费你很多精力，别人对你的同情心会慢慢淡化。这是典型的"狼来了"综合征——时间久了，大家对你的行为不再会有任何反应。而且，就算一切事物都是朝最坏的方向发展——当灾难真的降临时，你能制止得了吗？

与"夸大一切"相反，"轻视一切"的人否认事物的负面，他们想把世上的一切都变成相同的。在危机关头，他们不会作出任何反应，相对于我们的恐慌情绪，他们显得很冷静。这种防御行为是相当危险的，因为当事情朝错误方向发展时，他们不会想办法及时制止。这种"思维误区"会延误处理问题的最佳时机，我们也没机会学习处理日常问题的能力。

案例手记

薇薇安早上醒来后，发现上班快要迟到了，便急匆匆往公司赶，却遇上了堵车，已经超过上班时间半个小时了。惊慌之下，她会这样想："噢，天哪，公司例会要迟到了，老板会辞退我，我会失业。这样

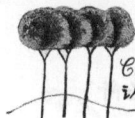

我就还不起贷款，银行可能会收回我的别墅——我也不会找到新工作了。我会被赶到大街上，无处可去，男朋友也会抛弃我，我不会再有幸福，也不会有自己的孩子，我父母也会和我断绝关系，我的生活将会走投无路。一切都没有盼头，我还不如开车立刻撞墙！我到底该怎么办？要是我早一点儿出来，要是我没有摆弄我的发型，要是我早起一小时，要是我昨晚没看那个节目，没喝最后一杯红酒——是我毁了一切……"

从上面的例子中，我们可以看出"夸大灾难"带来的连锁反应——似乎一切都陷入了最坏的境地，越来越严重，就像雪球一样越滚越大，把一切都收纳其中。

相反，"轻视一切"的人面对交通拥堵却是这样的反应："没事，我会整点到达公司的，谁会在意呢？"所以，他不会及时打电话给领导请假，也不赶紧想办法处理这种情况。然而这样的想法会给他带来不小的麻烦，没准儿他会因此而丢掉工作或失去朋友。

改变测试

你会夸大灾难，或者对一切满不在乎吗

- 设想一个情景：某事物不按常态发展——在这种情况下，你会思考某些东西吗？你的恐慌感会像滚雪球那样越来越强烈吗？你可以立刻转过身去想想假如以后出现类似的情况，你会有什么反应？

- 如果对于错误的事物你也觉得无所谓，你会及时作出回应吗？为了让自己早日看清事物的复杂性，你必须面对什么？

情感推理 / 奇幻式思维

思维示例："我应该为发生的一切负责"或者"这一切之所以会发生是因为……"

这是一个常见的"思维误区"，在某些时刻，大部分人都会有这种想法。如果你有孩子——或者你的工作是与孩子打交道——你会发现，孩子们总是这样做。它类似于一种自我认同观点：单凭想象，你就认定事情是自己"诱发"的。

下面是关于"情感推理"的一些例子。

◎ 汤姆有一种负罪感——>所以他总觉得自己肯定做了错事。

◎ 柏瑞士很烦躁——>所以她认为今天会打雷下雨。

◎ 迪莉娅有种恐慌感——>所以她更加确信，一些不好的事将会发生。

◎ 吉姆觉得自己长胖了—>所以他觉得自己看上去像一个大房子。

这种"思维误区"基于这样的观点：任何事物之间普遍都有关联。然而，它很可能是无逻辑或虚幻的，对其进一步测试你会发现，它是不合乎常理的。人们很容易用这样的方式思考问题，特别是当你确信生活中你的想法与事情的结果之间总存在着简单的因果关系时。

也许你周围的人都这么认为，而你或许就成长于这样的环境中，所以你已养成一个习惯：将你的想法（"我感到孤独"）和你觉得会变成事实的事情（"我总是孤单一人"）联系在一起。也许，即使有一屋子人，你依然感觉孤独——事实上，如果你告诉自己"其实我并不是一个人"，你就会从那种想法中走出来，和家人或朋友主动联络。

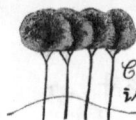

案例手记

吉尔收到邮局寄来的一大沓信用卡账单。她望向窗外，天空正下着倾盆大雨。她就想，"看，今天就是我的倒霉日，所以我肯定还会在其他事情上出纰漏"。将要出门的时候，她打翻了桌上的咖啡杯，溅了一身的咖啡，"我就知道今天是我的倒霉日"。吉尔把这三件事联系在一起——信用卡账单、下雨天、洒落的咖啡。可是，这三者之间真的有联系吗？难道是因为她过于关注信用卡账单和近期的消费情况，而让她感到害怕，并开始对不好的事情提高警惕了吗？她觉得，对事物之间的联系发现得越多，对事物的了解就越透彻。这是另一种"自我实现的预言"——我们中很多人每天都在这样做。

改变测试

留意你的 "情感推理"

● 你曾经将一些事物联系在一起吗？不管那有多荒谬。如果不将它们放在一个联系体中看待，将会怎样？

● 你是否注意到你预测的事情有时并没有发生？今后你也要尽量时刻关注事情的进展，一定要用开放的思维去思考因不同原因（甚至是偶然原因）而发生的事情。

● 扪心自问——在同一情况下，别人也会有相同的反应吗？

洞察力

情感要理性

● 你有过这样的经历吗？你突然有某种感觉，后来却发现事实并不是感觉的那样（例如，你有负罪感，后来发现其实你并不该受到责备）。

● 为了避免"情感推理"成为你看待世界的思维方式，你必须做些什么？

● 假如你确信你的理解是正确的——倒回去想，你还能想出另外三种解释吗？如果可以，就能帮你减少这种"思维误区"。

条件性思维——总爱讲"应该"

思维示例："我必须对大家好点，否则他们会……"

这种"思维误区"极其古板和僵化：总是讲"应该""必须"和"决不"。典型的例子有以下几种。

◎ "不论什么时候，我都应该准时，这样大家就会喜欢我了……"

◎ "在她看来，我一直就不够好，除非我有钱了……"

◎ "我应该做个好儿子和好父亲……"

这些"条件性"的负性思维揭示了典型的核心信念："我不惹人喜欢"或者"我很没用"。"条件性思维"的代价很高，具有毁灭性，它可能会阻碍（但也不一定）你的观点向积极的

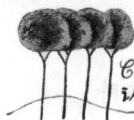

方面转变。附带条件的讲话经常会导致一个僵化、消极的思考过程。

有些时候，有强迫症的人觉得，为了阻止一些糟糕的事情发生，他们必须做某件事或者遵循某个惯例。这很可能陷入"条件性思维"的误区。有位来咨询的女士，她离家之前检查了三遍手提包，确定已带家门钥匙，正准备离开时，她又折回去检查了不止三遍房门，直到确信已锁好。

这种强迫症或者在某方面的癖好看上去似乎很怪异，但在我的患者中是很常见的。即使在她检查完手提包和房门之后，她还是不确信钥匙是否已带、房门是否已锁。在检查手提包和房门时，她的恐惧感很高，大脑高度紧张，以至于到后来都忘记自己曾经做过什么，所以她不得不重新来过。

这是一个比较极端的例子，很明显，虽然我们的思维方式中似乎有一些强迫症的迹象，但不是所有的人都有强迫症。在恐惧、不安、紧张或恐慌的驱使下，我们做着各种各样的事，结果却将自身置于更大的压力中。

洞察力

远离 "应该" 陷阱

留意那些将你逼到墙角的思维方式，比如"应该""必须""不得不"。当你正以这种方式思考问题时，想办法让自己停下来或者抛开原来的观点。"应该"对你来说是一种情感约束，让你不会去想或者根本想不到解决问题的其他办法。

你应该给自己一个机会，跳出"应该"措辞的僵化格局，发现解决问题的其他方案，或者允许其他观点出现。大部分"应该"措辞的根源都具有很大的危害性，让人感觉不舒服，以这种方式行事会阻碍我们的成长。

个人化归因：认为一切不幸、事故等都是自己造成的

思维示例："我一直就不够好……"

个人化归因是指以消极思维思考问题和行事，这种"思维误区"让我们相信：发生的所有事情都与自己有关，而且，还总是以不好的形式呈现出来。这类事例很好列举，例如，"他总是指责我，都是我的错……"或者"从来没人邀请我跳舞，肯定是因为我长得不漂亮……"或者"每次他一走进房间，我就极度尴尬……"这些想法显示出，你认为一切事情都是因你而起，一切都是你个人的问题，一切都是针对你自己。

在上述情况下，我们需要仔细考虑一下：

◎ 他也指责别人吗？真的只是针对你一个人吗？

◎ 只有你一个人没被邀请跳舞吗？

◎ 当有人走进房间时，他确实是盯着你看吗？

自我测试

你总是 "个人化归因" 吗

设想一下，你生活中发生了一些事，你觉得是针对你个人的。这些事可能发生在工作场合，也可能是跟朋友、同事或者家人有关。你觉得你受到特殊对待了吗？或者你觉

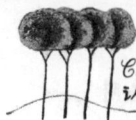

得，人们可能也是用类似方式对待别人？试着从一种更冷静、更理性的角度看问题——并且尽量不要带有个人主观色彩。

怪罪他人、贴标签

怪罪他人是推卸责任的无奈之举。这种行为是消极的，危害极大，它还会掌控并毁灭你的生活。将责任归咎于他人，把一切都看成是"他人的错误"，这表明你一直在原地徘徊，并未真正成长。如果你没有责任意识，就不会真正成长起来。"怪罪他人"这种"思维误区"在别人看来有很大的防御性，会拒人于千里之外。"那不是我的错"或者"他们怎么可以这样对我"，类似这样的想法会让你觉得自己是个弱者。

"怪罪他人"的对立面是把一切责任都包揽下来。具有强迫症的人也是这样做的，他们总觉得有很深的负罪感，希望承担一切责任。所以，他们凡事都追求完美（当然，这是不可能的），当达不到完美时，他们就会自责内疚。

"贴标签"是指，看事物过于简单（类似于"黑白思维"），所有的人不是"好"就是"坏"，不是"勤劳"就是"懒惰"，不是"善"就是"恶"。一旦被归为某一类，就很难改变自我的看法（"如果我不是那种人，那么别人肯定不会喜欢我"；或者"如果我不是最优秀的员工，那么我就是个无用之人"）。如果你给自己贴上"无用"或者"不讨人喜欢"的标签，那就板上钉钉很难改变了。

案例手记

45 岁的米里亚姆总是将一切责任归咎于丈夫杰里米。不知为什么,结婚 15 年来,他们总是沉浸于这种局面:不管在什么地方,不论是哪儿出错,米里亚姆总是责怪 50 岁的杰里米,然后杰里米就会尽最大努力做得更好。就在最近,当米里亚姆的要求变得越来越不可理喻时,杰里米开始进行反击。他们打算去希腊度假,杰里米就在网上订了房间,等到了那里才发现,房间所在的别墅正对着建筑工地。米里亚姆开始抱怨丈夫,并用自己能想到的所有词语数落丈夫:"你怎么这么愚蠢,把房间订在这个位置。"

一直以来,杰里米总是尽量去满足妻子的要求(在妻子不断的抱怨和挑剔后),显然,这一次他也不是故意要订一个面向工地的房间。他和妻子一样郁闷。跟以往一样,她的感受最重要。她因为不满而一直羞辱和贬低他。杰里米一向是个脾气温和、彬彬有礼的人,但这一次却突然对妻子反击,说受够了她无休止的辱骂,然后摔门离开了。他大踏步迈出别墅,然后越走越远。那天晚上他回来得很晚,米里亚姆停止了抱怨,只轻轻地说了一句"我以为你丢下我一个人走了",她脸上还挂着泪珠。

虽然米里亚姆觉得自己很难开口对丈夫说声"对不起",尽管她心里很不乐意,但最后她不得不承认自己做得确实有点过分。最终,杰里米说:"我讨厌你什么事都指责我,我受够了,下一次度假你来订房间。"尽管不乐意,米里亚姆还是明白了这并不是杰里米的错。她从来不会主动承担责任,而是把所有的错事都怪到丈夫头上。当她去旅行社或者在网上订房间

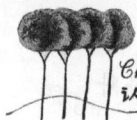

时，她会感到紧张害怕。最后，她同意以后不会什么事都责怪杰里米。杰里米也答应和她度过剩余的假期。他们一起找到别墅的主人，换了另外一个满意的房间。

生活中的认知行为疗法工具箱

工具1：制订计划，并坚定改变自我的决心。

工具2：了解自己的世界观以及如何运用它。

工具3：发现并记录自己的消极想法。

工具4：找到并消除自己的思维误区。

小练习

继续坚持以每周或每两周一次的频率记录你的思想变化情况。然后看看记录中哪种"思维误区"经常出现。你能从其中看出一些规律吗？对于频繁出现的"思维误区"，你会有所察觉吗？如果是，根据你的关注点和思维方式做一个结构图。一天之内，你有多少次陷入这种"思维误区"？据此再列一个清单。只有知道自己的问题出在哪儿，你才能想办法对其加以改正。

CHANGE YOUR LIFE with

CBT

第 5 章
直面自己的负面情绪

斯科特先生，你没听说过它是因为你至今还未发现它。

——斯波克，《星际旅行》(*Spock, Star Trek*)

如果你也想像《星际旅行》中的斯波克一样，在一切灾难中保持镇定冷静，用惊人的速度分析问题，那么你就需要直面自己的负面情绪。和父亲习惯性的争吵，生活中焦躁易怒，害怕某些事情或事物，这些都是你需要直面解决的负面情绪。使用斯波克式分析、认知行为疗法、"罪恶之花"训练，你可以卸下自我防御心理，向害怕的事情靠近，突破自我局限，成为更好的自己。

你看过美剧《星际旅行》(*Star Trek*)吗?如果看过,你就知道剧中尖耳朵的那个明星是斯波克(Spock),他是在柯克船长手下做事的一个冷血科学家。尽管斯波克也有人性脆弱的一面,但是在一切灾难中保持镇定冷静的态度还是让他名声大震。另外,以惊人的速度分析问题也使得他家喻户晓,他还对船长说这是一种逻辑思维。

为了分析你自身的问题,本书要求你也得充当一个类似于斯波克的角色。书里讲到,当你尝试从更客观的角度去准确界定自己面对的困难时,你需要重新审视自己。

本书的一个重要方面就是通过测试来帮助你不断进步。也许你觉得这些测试与你经常做的那些比起来,简直是两个极端,又或者说你觉得在繁忙的生活中没有时间独立完成这些测试题。但是,如果你真的想通过一些东西来改变自己,那么遵照本书的一些建议,勇于挑战各种可能性或许是值得的。对你来说,最好的方法就是把这些东西分解成微小的、易操作的几个部分,这其实也是本书的用意所在。

> 智慧始于认识自我。
>
> ——亚里士多德(*Aristotle*)

自我测试

将你的反应分解成几部分

简要回顾一下我们先前在第 4 章了解到的认知行为疗法的基本要素。

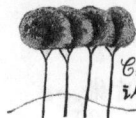

我们发现了：

● 消极的惯性思维（负性思维）；

● 功能失调性假设。

它揭示了我们的：

● 核心信念。

整合这些信念能使我们形成一种较长期的心理学思维模
式，或者说：

● 思维误区。

如果你依然不理解这些观点或者看法，那就翻开本书的前四
章快速浏览一遍，回顾一下近期你做的所有练习，以便在学习第
5 章时可以牢记这些基本概念。

| 强烈的愿望和诱因 |

如果想像斯波克那样冷静地处理难题，首先你应该找出，强
烈的愿望和诱因会对你的情感、情绪或者行为造成什么影响，这
点至关重要。在你还没来得及注意到它们，或者潜意识里还没想
到过这种状况的情形下，诱因就已经使你产生了消极的想法，做
出了消极的行为。

你也许认为，对没意识到的诱因进行控制是比较困难的，但
是此时此刻你应该充分结合你的知识和经验，发现你应该避免和
忽视什么。如果你能找出对诱因的反应，你就能更好地掌控人生
的方向盘。因为你会尝试着去做那些通常看似隐藏在潜意识里，
实际上却是实实在在存在的事情。

你的潜意识反应与"战斗（fight）或是逃跑（flight）"这种反应（人的自主神经系统在遇到紧急事情后会第一时间做出战斗或是逃跑的反应，以保护自身的安全）相类似。诱因是这样一种物质，它反复出现，是你情感的致命伤。因此，尽可能精确地找出哪些东西能够激起你的反应是很重要的。

回想一下，在日常生活中，你置身于各种不同环境中时的感受分别是什么。你可以将各个诱因碎片拼成一张图，通过这张图来制订"改变自己"的计划。

举个例子，玛丽告诉我，她和父亲的关系一直很僵。虽然玛丽已经40岁，她父亲也70岁了，但跟以往一样，父女俩总是争吵。在坚持记录自己的想法长达6个月之后，她发现，当她拜访自己的父亲时，她的胃部开始绷紧，通常会感觉紧张、压抑和心烦。玛丽说："我有一种烦躁感，似乎一心就想和他吵架。我感到头疼，想发怒，而且我意识到我正处于那种情绪当中，因为我知道我父亲将要惹怒我。"玛丽尽量控制自己不被惹怒，她说和父亲的这种关系已经持续了好多年。

现在玛丽终于决定要缓和这种关系，显而易见，她父亲是不会主动改变这种关系的。玛丽知道目前唯一可以改变的只能是她对父亲的态度。"我发现，在我没见到父亲之前，我的紧张感是90%，见到父亲之后下降到50%，所以我明白，面对他比逃避他要好得多。"她也开始注意到：由于现在她更加完全地意识到了争吵的诱因，所以她对那些事情的反应不再那么强烈了。玛丽说："我父亲总是唠

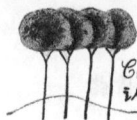

叨我应该结婚生子，现在我总是避开这个话题。我至今也没有结婚，父亲最终妥协了，所以再也不会因为我的单身问题而争吵了。"

要准确地找出自身的强烈愿望和诱因是很困难的，但这对你至关重要，你也可以找出自身哪些方面是需要改变的。你可能会发现，这种强烈的愿望会聚焦在某些事物上，如果你有社交恐惧症，你的强烈愿望会通过一些行为被激发出来，比如参加聚会、独自一人走进一个房间、站在观众面前、在工作时作一次报告或者仅仅是跟陌生人说"你好"，等等。

一旦开始发现诱因，就把它们归纳总结出来，这是很重要的。它们或许能让你更好地了解自己的难处，因为它们极有可能揭示出你心理状态的共同特征。

以下是来自现实生活中不同人的一些例子。

◎ 你正坐在驾驶座上等红灯，一个街道清洁工靠近你的车并用抹布擦拭你的挡风玻璃，你发现后突然很愤怒，想赶走他甚至伤害他。

◎ 你正在火车站台里候车，当火车驶进时，你突然有种冲动想跳起来去卧轨，你必须努力克制自己才能阻止如此疯狂的事情发生。

◎ 排队的时候有人插队，你已经等了 10 分钟，快来不及了，你很想抓住那人对他大吼。

◎ 你刚睡醒，情绪很差，有点难受，当别人和你说话的时候，你感觉竭尽全力才能集中精神，所以你什么也不想说（或者想向对方大吼）。

◎ 你的老板给你施压，你必须利用自己的非工作时间，才能在最后期限完成另一份工作，你很想拒绝，但你知道你不能，为了按时完工你只好给自己施压，希望自己能得到额外的表扬或者报酬，而不是任何消极的东西。

◎ 祖母将要来你家，所以你把家从头到尾擦洗了一遍，准备了她最喜欢的食物，烹制了她最喜欢的饭菜，你希望这样可以取悦她，至少能减少她对你的批评。你想让事情尽可能得完美。

◎ 孩子们从花园里冲出来，沾满泥土的双脚踩在干净如新的地板上，并用脏兮兮的双手拥抱你，可你感觉那些泥土和杂物完全弄脏了你整洁的厨房。

◎ 你和同伴参加聚会，会上大家热烈讨论现场的一个异性（当然他很有魅力），而你却被独自晾在角落里。过了一会儿，你因嫉妒而有些生气，你脑子里想的就是把你的同伴拖离现场，让其他人都回家……你差点就要大吵大闹起来。

这样的例子还有很多，它们重现了可能发生的各种各样的日常生活场景（你自己也遇到过类似的或者其他场景），这样的场景能够激起你情感上的某种反应。

强烈的想法通常会有以下效果：

◎ 激发一种消极的情感反应；

◎ 诱发一种消极行为产生；

◎ 引起你的情绪发生改变。

以下是关于常见诱因的几个例子，通过采用认知行为疗法，对这几个例子进行斯波克式的分析，如表 5-1 所示。

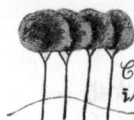

表 5-1　常见诱因的斯波克式分析

内森的诱因	共同特征	问题
◎ 门铃声不期而至 ◎ 下班后被邀请去酒吧 ◎ 他的妻子邀请朋友来家吃晚饭	害怕去社交场合	社交恐惧
萨米的诱因	共同特征	问题
◎ 发现猫在客厅生病了 ◎ 为晚饭准备的面包没做好 ◎ 没有完成清洗工作	无法原谅自己犯下的错误	完美主义强迫症
你的诱因	共同特征	问题
◎ ◎ ◎		

| 了解属于自己的认知行为疗法模式 |

我们现在将要做的是制作一个关于你自己的计划图：好好地想一想该如何推动你的计划。所以等你削尖铅笔、启动电脑、打开电脑程序后，我们就可以开始了。

将其分解成微小的几部分

倘若你遇到一个诱因，比如上述场景中的一个，你的负性思维就像饮料顶层的气泡一样立刻涌上你的心头，这时你得以直接接触到负性思维。

开始"思考你的想法"，这对"把你的反应分解成微小的几部分"是十分有用的，你也会开始看到接下来将要发生的事情。

比如，在几年前你曾经经历过一次可怕的车祸，所以你害怕开车（甚至仅仅是坐在车里）。在别人问你需不需要搭他们的便车时，这就成为了你的诱因。为了分解你的反应，认知行为疗法模式会让你从四个不同的角度来看待自己的经历。

◎ 你的认知（你是怎么想的）。当你想象自己坐在驾驶座上或者坐在乘客席上，甚至站在车轮后面的时候，闪现在你脑海里的可能会是"我宁愿死也不要再次坐进车里……"，或者是"我一想到要坐在驾驶座上，眼前就会不断出现当年车祸的场景……"

◎ 你的情感（你的心理感受是什么）。你有什么感受？是恐惧、紧张、担忧、害怕吗？人们经常用一句话来总结情感。如果你说"我想我是害怕"，其实你是在描述一种想法，而不是一种感受。

◎ 你的行为（你正在做什么）。你曾经有过拒绝开车，而选择步行或者坐公共交通工具去各地的行为吗？你拒绝搭便车吗？当同伴让你代驾时，你找理由推辞过吗？行为包括肉眼看得见的，显现在外表的任何事——包括你做什么以及不做什么。

◎ 你的生理反应（你的身体会有什么反应）。如果你感到害怕，一想到开车或者一靠近车，心跳就会加速、手心出汗、手臂发抖、头晕恶心、肌肉酸痛，这是人害怕时会出现的习惯性反应。甚至在你还没往这方面想的时候，

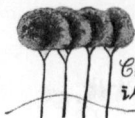

或者当"黑蝙蝠"思想或感觉闪现在你脑海中而你尚不能完全意识到它们的时候，你的身体也会出现上述反应。

了解你的诱因

想象一个你认为很难发生在你身上的场景，比如在车里看地图，或者当你害羞的时候和朋友一起外出，或者其他一些你一害怕就会发生的事情，然后尝试将这些行为与以下几个标题相匹配。

◎ 你的认知（你是怎么想的）。

◎ 你的情感（你的心理感受是什么）。

◎ 你的行为（你正在做什么）。

◎ 你的生理反应（你身体会有什么反应）。

> 身外障碍事小，心中障碍事大。
>
> —— 爱默生（*Ralph Waldo Emerson*）

自我测试

如何用斯波克式方法解决你的问题

要想让认知行为疗法对你起作用，你就需要采用斯波克式的视角看待以下几个方面。

● 用自己的语言描述你遇到的问题，尤其要阐明消极情感、想法和行为是如何影响你的生活的。

● 测试一下消极想法或者消极人生观、世界观的有效性。

- ●找出你的想法、感觉和行为是怎样使你的困难持续存在的。
- ●上述事物是如何使你的困难悬而未决的？针对这一点找出相关理由。
- ●为了改变你的想法、情感和行为而不断做试验，反过来，这也会影响你的想法、感受和行为。
- ●定期回顾你的进程并适时做出调整。

因为我们很容易被那些消极假设（它们似乎歪曲了我们的想法、感受和行为）弄得不知所措，所以我们所做的一切都得科学而系统。通过进行真实情景"测试"，我们可以发现哪些是真实的，哪些是虚幻的。

我们的消极想法大部分来源于害怕、紧张，如果用实验法对它们进行测试，我们会发现我们通常信以为真的东西其实并不尽然。如果你总是朝最坏的方向打算，每天小心翼翼地生活，一旦你发现生活远没有你想的那么糟糕和不幸，你就会真正释然了。冒险或接受挑战能够让你得到解脱。

| 认知行为疗法的科学原理 |

认知行为疗法是如何发生作用的呢？

◎ 说一个你目前存在的问题或困扰（例如，"我害怕夜晚外出"）。

◎ 假如你做了一件在实际生活中从没做过的事情（改变你的想法、感受和行为），设想一下将会发生什么（"我会出去

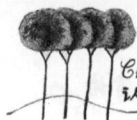

而不是待在屋里")。

◎ 你可以通过做测试来检验这种情形、想法、感受、行为在真实生活中到底存不存在。注意，这是一次"真实情景测试"（"天黑以后，我会和朋友一起出去"）。

◎ 你要观察随后会发生什么——你的"测试"起作用了吗？你的感觉发生改变了吗？你的行为或者其他方面发生变化了吗？你需要对某些方面作出调整吗？（"在这之前，我的恐惧感达到了90%；之后似乎变成了60%。"）

你需要在一定的区间内给自己评分，比如说，0～10分或者0～100分，这样你就可以清晰地看出你是否在某些方面发生了变化。

|"罪恶之花"训练 |

认知行为疗法还有另外一种训练方法，可以帮你找出某种情绪问题下面暗藏的东西，还能帮你准确地定位某种诱因激发出的想法、情感、行为、身体直觉和注意力集中点，这就是"罪恶之花"训练。

案例手记

查琳在家的时候最讨厌电话铃响。她在一个很大的呼叫中心工作，一整天几乎都在接电话。一旦回到家，她就想安静。在家里，她最不想干的就是接电话了。最近查琳结婚了，她的丈夫总是打电话向她唠叨钱的事情，所以她更害怕接电话了。她变得越来越紧张，所以她决定找出她的"罪恶之花"，以便她能看清电话铃响后将会发生什么。

查琳将诱因事件（也就是电话铃响）填在旁边的方框里，然后写下当事件发生时各部分呈现出来的特征是什么（如图 5-1 所示）。

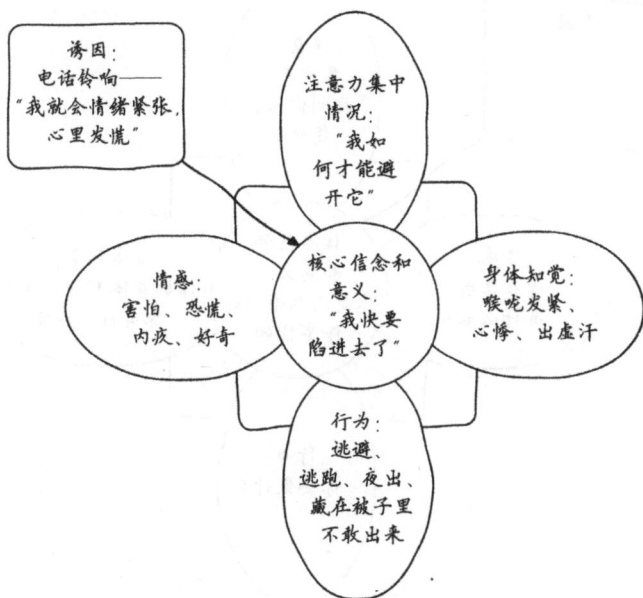

诱因：
电话铃响——
"我就会情绪紧张，心里发慌"

注意力集中情况：
"我如何才能避开它"

情感：
害怕、恐慌、内疚、好奇

核心信念和意义：
"我快要陷进去了"

身体知觉：
喉咙发紧、心悸、出虚汗

行为：
逃避、逃跑、夜出、藏在被子里不敢出来

图 5-1 "罪恶之花" 训练：查琳在家里听到电话响的经历

自我测试

现在你尝试做一些事情

如果一些行为让你产生苦恼、受折磨的感觉，比如小孩哭、邻居吵闹、同伴对你的要求、厚厚的银行账单、看见一只恶心的虫子，或者跟陌生人撞了个满怀等，试着填写

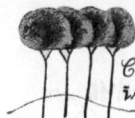

你自己的"罪恶之花"(如图 5-2 所示)。从"诱因"一栏开始填。

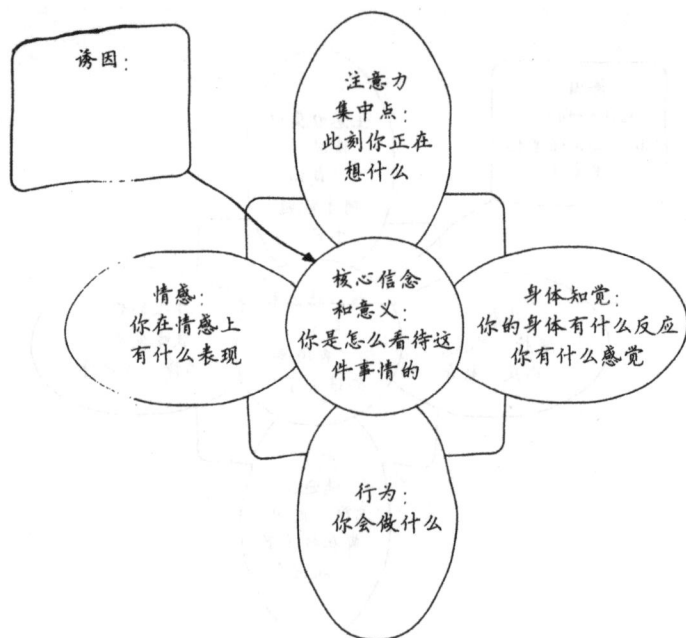

图 5-2 你的 "罪恶之花" 训练

情绪转变

你是如何调节自己的情绪的？在某一时刻，你对自己的感受了解多少？在一天就要结束的时候，你有没有意识到自己的情绪和感受在变化？你能准确地指出是什么诱导了你的情绪在工作时、大街上以及家庭中发生起起落落吗？有时我们的情绪每分每秒都在变化，比如仅仅是站在门前，或者闻到一阵香水味，或者电闪雷鸣的时候，或者当你盯着某人脸上的表情看的时候。

"强烈的想法"出现时，你容易变得悲观失望，比如当你走进一个房间却没有人注意到你时，那很可能是他们故意没邀请你来，也可能仅仅是忽视了（也许他们并没有看到你），这就需要你用科学方法测试一下。

案例手记

你可能意识到自己很排斥做某些事，这是你害怕的一种表现。就拿巴纳来说吧，他很害怕去医院。每当要去看病时他都会感觉眩晕，所以他往往会逃避看病。可是最近他生病了，他也知道必须去医院，但是当他醒来的时候，他开始给自己找各种理由，目的只有一个：不去医院。他头一次意识到他的"恐惧"已经走进了自己的行为中，他感到有点不舒服，其实一想到要去医院，他就像已经生病了一样。他有时也会忘记自己有预约，就像他刻意抹去记事簿中预约的事一样。所以巴纳知道，如果他去看医生，他就必须经历一些痛苦的挣扎，比如不情愿、害怕、紧张以及眩晕。

| 自我防御 |

我们总是通过做、思考和感觉去设法保留自己的问题。我们把它称为"自我防御"。听起来好像是认知行为疗法在和你对着干，其实恰恰相反，我们都采用让自己感觉舒服的方式去做事，

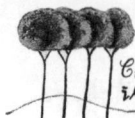

采用这些方式会让我们感觉良好，但实际上，在这个过程中，它们已经使问题变得更糟，甚至更长久，因为它们让我们更不知所措了。

自我防御是如何对你产生影响的？

◎ 你害怕某些东西或者你不喜欢这种感觉。

◎ 你逃避现实问题，或避免让你的感觉表露出来。

◎ 你没有对你的问题发起挑战，感受也没什么变化，依然沉寂、畏缩，所以，一切都没有变化。

这一过程如图 5-3 所示。

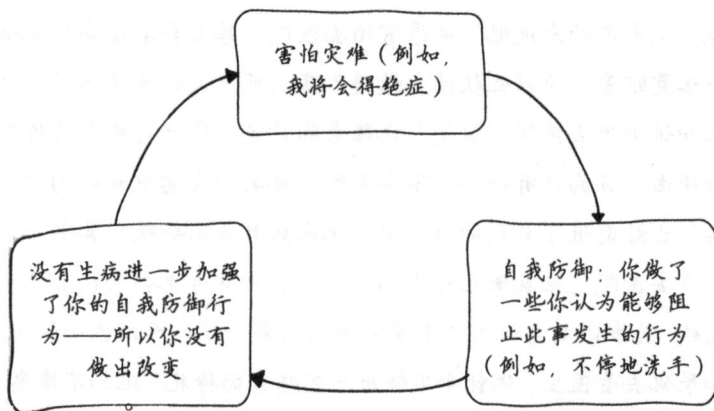

图 5-3 "自我防御" 的循环本质： 保持原样

> 你必须做一些你认为不可能做到的事情。
>
> ——埃莉诺·罗斯福（*Eleanor Roosevelt*）

案例手记

理查德是一个很成功的商人。他有一辆跑车、一所豪宅、一艘豪华游艇，他大部分时间都花在旅途中——参加欧洲的各大高端商业峰会。问题是理查德有很严重的幽闭恐惧症。这要从他童年说起，每当他调皮时，父母为了惩罚他就会把他锁在橱柜里。成年以后，理查德发现他根本不敢走进封闭空间或者地下空间，如地铁站、停车场、电梯或者隧道。结果，每次他开车去巴黎、瑞士或者意大利的时候，都不得不绕着阿尔卑斯山和其他一些山脉行驶，这样才能避开那些隧道。

然而，理查德的自我防御（避开隧道）意味着他花在路上的时间更长，他会面临更多的交通损耗（和更大的交通事故风险）；他离家时间更长了（妻子会对他的漠视感到厌烦），而且他也会因为交通状况而迟到（他的老板通常也会为他的逃避行为感到恼火）。另外，由于长时间坐在车里，他的血压和体重节节升高。当然，加油和住旅馆的开销也很大，绕山走的路途比直走要远得多。实际上，避开隧道的自我防御使他的生活在某些重要方面陷入了危境。

从认知行为疗法的角度来看，理查德需要通过走进封闭空间来做一个测试，这是第一步，然后观察他的反应（呼吸、心率、恐慌），将此作为克服恐惧的一种方式。如果不去接触让自己感到恐惧的事物，那么他的幽闭恐惧症永远不会得到缓解。

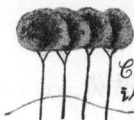

你属于哪种情况呢

花一点时间想想，为了逃避某种感觉你会做什么事情？可能
就是类似于下面的这些事情。

◎ 翻开银行对账单查看现金流（你讨厌直接看到钱）。

◎ 不敢跳舞（你害怕出丑丢人，你害怕自己步伐不一致）。

◎ 不好意思约某人出去（不想被拒绝）。

◎ 不愿意游泳（讨厌把自己的身体暴露在公共场合）。

◎ 没有养宠物（童年害怕小鸟）。

◎ 不喜欢用手去抓食物，因为手又脏又湿（害怕得病）。

自我测试

你曾经做过的自我防御

花几分钟想想你有过哪些自我防御。下面这些行为你做
过或者想过吗？

● 你总是感到恐惧吗？

● 你总是不知所措吗？

● 你会让你的人生观更消极吗？

● 你会让你的世界观更消极吗？

● 你会在尝试挑战某些新事物或者冒险的时候半途而废吗？

把这些事件做一个记录，并向这些事件发起挑战，后果
会是什么？是一些意想不到的结果还是会产生副作用？对
此，再做一个记录。

逃避

逃避或者逃跑是比较典型的一种自我防御。约翰尼很害怕在公众面前弹吉他，因为他确信他会忘了歌词或者曲子。他喜欢吉他，弹得也很棒，当然，仅限于在他卧室里弹，因为他知道一站在舞台上他的脑子就变得一片空白。他陷入了"逃避循环圈"，如图 5-4 所示。

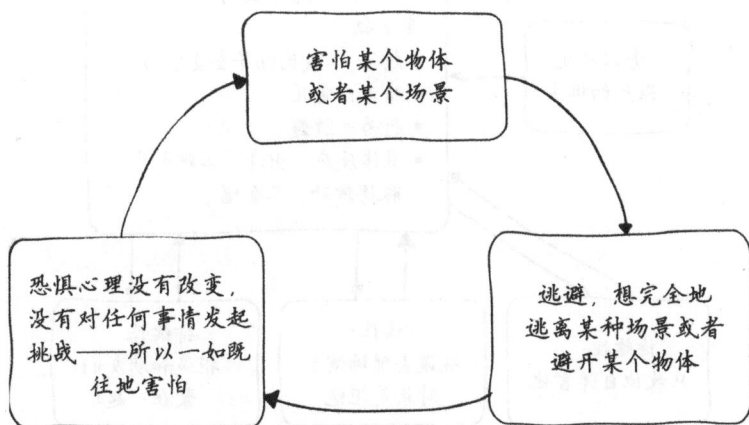

图 5-4　逃避循环圈：重复，什么也没变

约翰尼小的时候曾经发生过这样的事情，当他像僵尸一样定格在舞台上时，他感到特别丢脸。这次经历深深地印在了他的脑海里，虽然只发生过一次，却足以让他再也不敢上台表演。之后他再也没有在任何人面前弹过吉他，即使是他的朋友。逃避所产生的问题是：它建立了一种"自我实现预言"的暗示，所以约

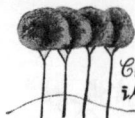

翰尼被小时候的糟糕经历所困住，再也无法在公众面前表演，如图 5-5 所示。

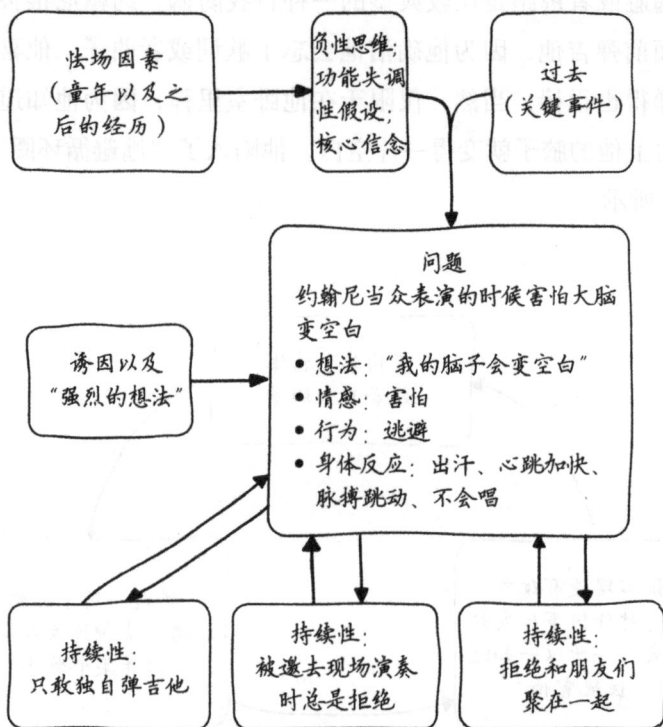

图 5-5 约翰尼通过逃避使他的恐惧感持续存在

只有勇于直面困难，约翰尼才能真正成长起来，他必须找出当众弹吉他时大脑变空白的负性思维。为此他要把自己置于一个总是害怕当众弹吉他的环境中。他决定一步步地来，例如，在镜子、猫、好朋友面前演奏，这种方式也许是最好的开始。

通过这种方法测试他的恐惧感，毫无疑问，约翰尼开始迈出他的一大步：他走出了那种困境。他开始摒弃那些一直都存在的自我防御。这意味着，他自己也开始发生改变，他的恐惧像巨大的冰山一样开始融化。

| 向害怕的事情靠近 |

在认知行为疗法测试中，"学习面对问题"的关键在于：尝试着渐渐接近你所焦虑或害怕的事。在理查德的例子中，进入电梯或隧道意味着他必须在封闭的空间独自待一段时间，这使得他开始担心自己是否会安然无恙。

现在，由于无比恐惧，他更难以置身于封闭和黑暗的环境里。这种恐惧感令他开车时绕着阿尔卑斯山走，这样可以避免穿越隧道。然而这样做却使自己的工作、婚姻和健康增加了更多的风险。这表明恐惧的力量——"自我防御"总是让你不断地逃避。因此，任何试图减少理查德恐惧感的测试，都需要他面对自己的恐惧：走进封闭和黑暗的空间。

而对于约翰尼而言，站在公众面前弹吉他令他很恐惧。正因为这样，他更需要努力一步一步地面对这种恐惧。

接下来，我们会一步一步引导你努力面对自身所恐惧的事物。

◎ 当你一想到焦虑的事时，比如你面前走过一条大狗、在公共场所发言等，你的恐惧感和焦虑感可能会很强烈（估计是 100% 的恐惧）。

◎ 假设你很怕狗：你可以看看狗的照片，或者看看街对面被牵着的狗，或者是宠物店窗口里的狗——并且记录你的感受（估计是 80% 的恐惧）。

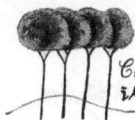

◎ 再三考虑后，你可能会和一个牵狗的朋友一起逛街；或者在公园里接近带狗的人（估计是 65% 的恐惧）。

◎ 最后，经过情绪调整后，你甚至可能握起拳头，让狗嗅嗅你的手（这是向它们问好的方式）或者抚摸一条狗，甚至带着它走一小段路（估计是 40% 的恐惧）。

在每个阶段，你可以测试一下，你的情绪反应在训练前、训练中和训练后各是什么。事实上，当你尝试训练并发现不幸的事不会发生在自己身上时，你会很乐意地向前迈一步——如抚摸或遛狗。

从上述叙述中我们可以看到，恐惧程度从开始的 100% 降到最终的 40%，这意味着下降了一半多。这个结果很有价值且意义深远，这对你完成目标也是一种莫大的鼓励。图 5-6 反映了恐惧感是如何随时间而发生变化的。

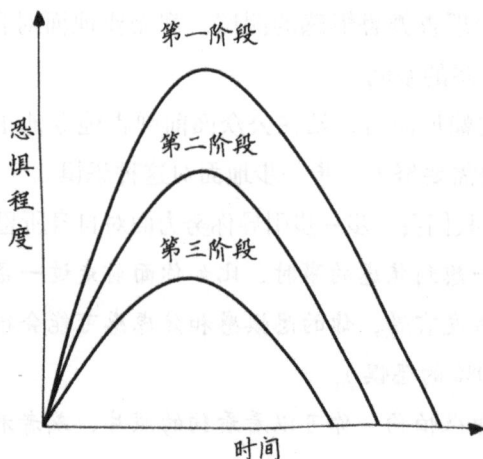

图 5-6　恐惧感随时间发生变化

| 与他人一道 |

你也许会觉得，独自一人去完成这些测试是令人恐怖的。你可能觉得太可笑或者有些为难。本书给你的第一个建议是，从那些较小的或易于操作的测试做起。比如，与其去参加一个很正式的大型宴会或与陌生人进行冗长的会餐，不如尝试花半小时与熟人一起出去喝杯咖啡。时间久了，你就不会那么害羞了。从小事开始做起通常是一个很不错的主意，因为它会使你慢慢地习惯社交场合。

苏西扮演斯波克

你可以使用"暴露"的方法来发挥创造性，请朋友或者家人来帮助你（如果你不想要专家的治疗）。你会惊讶，原来人们很乐意给你提供帮助。

例如，40 岁的苏西，当她遇见陌生人时，会感到非常尴尬并且脸红。这让她感到很丢脸，所以她越来越不愿意与陌生人打交道。同样，这意味着她的生活是非常封闭的。她不喜欢去让她感到尴尬的社交场合。每当想到她的"诱因"（遇见陌生人、购物等），苏西就意识到她真的需要走出这个房子，因为她觉得这样下来，她与人相处会越来越有障碍，自己也越来越孤立了。然而，每当想到这儿，她就又会退缩。

苏西很想戴一顶巴拉克拉法帽或者系一条围巾，但是她意识到这样会吸引很多人的注意。苏西决定测试自己的尴尬程度。于是，苏西打算和好友米娅出去，让米娅涂上胭脂，好让她的脸看

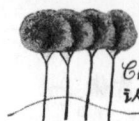

起来红扑扑的，这样苏西也许能够客观地看到，其他人对此会作出什么反应。她不将注意力集中到自己身上，以便可以放心地观察别人的反应，从而测试出红扑扑的脸蛋到底能吸引多少路人的注意力。这或许能帮她更客观地分析出她的情况究竟有多尴尬。

测试是这样的：如果她朋友的脸涂得红红的，人们会盯着她看吗？苏西想象着在公众面前，红扑扑的脸蛋可能会带来的各种可怕的后果。一想到这儿，她的心跳就会加速，手心也会出汗。在一起去散步之前，苏西估计米娅在公共场合会感到害羞的程度在90%。换句话说，如果苏西这样做，尴尬度也是90%。

在一个阳光明媚的午后，苏西在米娅的脸颊上抹上红胭脂，这让她看上去脸颊红扑扑的（米娅的脸颊看起来和苏西尴尬时一样红）。然后，她们一起去逛街。苏西戴着墨镜，因为和打扮成这样的米娅一起出行会感到害羞。苏西通过墨镜观察人们对米娅的反应。她惊讶地发现，当米娅去买报纸和苹果时，并没有遭到任何恶意评论，也没有人盯着她看。报亭的人对米娅说"你好"，并像平常一样对待她，苏西看着感到难以置信。

回到家里，苏西和米娅讨论这一情况，现在苏西意识到，涂个红脸蛋上街，尴尬度在50% ~ 60%，远小于之前想象的90%。事实上，当她看到人们对米娅的红脸蛋没有做出任何异常反应后，苏西甚至觉得下一次她也可以单独一人出去，即使脸色会因为害羞而变红。这是她迈出的重要一步，是苏西改变自己的开始。

图 5-7 反映了在"自我防御"的保护下问题依然存在。

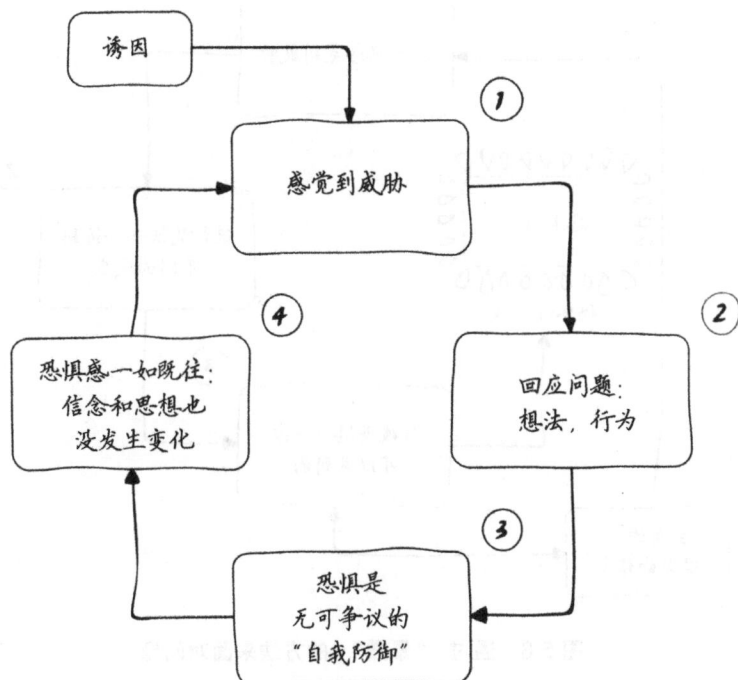

图 5-7 "自我防御" 下问题依然存在

如果你能打破自身的"自我防御",你就能直面恐惧,正如图 5-8 所示的那样。

如果能从恐惧怪圈中走出来,你就能战胜恐惧,恐惧感也会消失。正如苏西认识到的,在这个世界上,一张涂红的脸并不是最糟糕的事,这使她开始慢慢地走出屋子,重新迈向外面的世界。

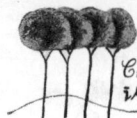

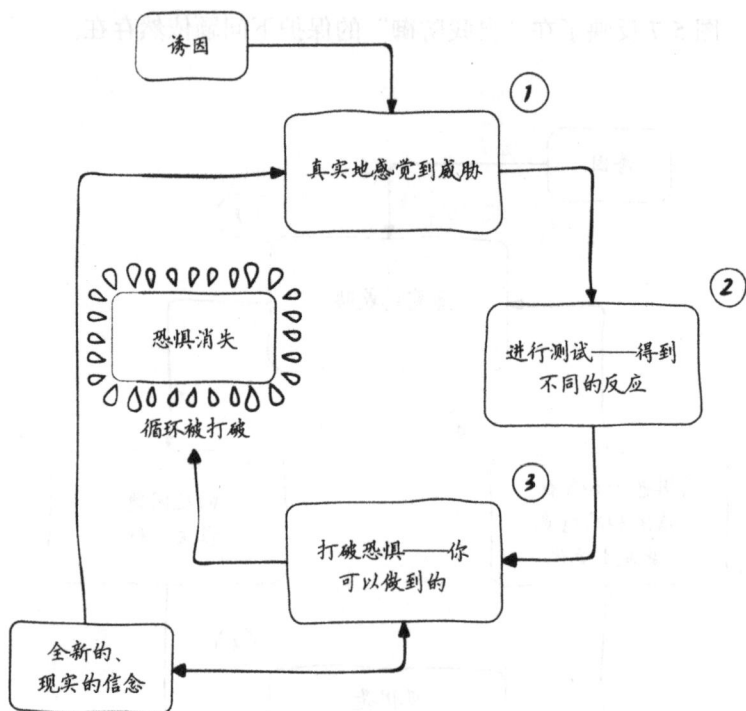

图 5-8 通过 "暴露" 的方法来面对问题

┃重温负性思维┃

一旦停止"自我防御"，我们需要弄明白到底发生了什么。因此，如果你对问题进行过测试，就需要花时间来回顾一下你的进度。比如事情进展如何？它发挥作用了吗？你的感觉是什么？如果你的负性思维并不如你想象的那样准确，它也没有发挥相应的作用，这样你还会比预期做得更好吗？

你需要对完成的部分进行分析，并为自我测试的下一部分做准备。这叫"重温负性思维"——这是根据你的测试结果对你的计划做出的一种调整。这样，你可以见证自己的变化，看看自己进步了多少，并实现你的最终目标。你应该觉察一下，你的负性思维是否在发生改变。随着恐惧的消除，你的偏见可能会消失。持续记录每一阶段的情况，觉察你是如何发生改变的，并进一步对你的测试做出相应的调整。

| 章节回顾 |

在你尝试阅读下一章及以后的章节之前，花一分钟时间回顾一下本章。本章介绍了认知行为疗法的以下作用。

◎ 用科学的方法解决问题。

◎ 针对自身的问题，制订一个"计划"或"构想"。

◎ 通过明确自身的"防御"行为来发现问题所在。

◎ 帮你分析哪些行为使你逃避自身的消极想法和感受，哪些消极想法和感受正影响着你的行为。

- - - - - 生活中的认知行为疗法工具箱 - - - - -

工具 1：制订计划，并坚定改变自我的决心。

工具 2：了解自己的世界观以及如何运用它。

工具 3：发现并记录自己的消极想法。

工具 4：找到并消除自己的思维误区。

工具 5：澄清问题并进行测试。

- -

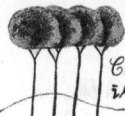

在接下来的几章，我们将运用前五章学到的知识，使各种日常问题具体化。我们大多数人在不同程度上都会面临着一些问题，如害怕、焦虑、恐惧。

你自己的斯波克式实验图

思考一下，你想通过测试得出什么结论——给它界定一个范围、明确一个定义，并在下表中填写你的测试过程。

预测或者推测	测试	结果	结论
对你正在测试的想法和信念进行概括。在0～100之间给信念的重要程度打分	针对你将要做的事情制订一个计划，包括：主体、客体、时间、地点、方法、合作者，一定要详细具体	记录实际发生的情况：相应的想法、感受、情感、知觉以及其他人的反应	根据测试结果写出你的结论。在0～100之间重新给信念的重要程度打分

CHANGE YOUR LIFE with CBT

第6章
改变生活的工具箱

努力争取并不总是会获得幸福；但不去争取是绝对不会幸福的。

——本杰明·迪斯雷利（*Benjamin Disraeli*）

为了采取行动改变自己、改变生活，你需要一个实用的工具箱。本章为你提供了一个彻底改变自己的工具箱。正所谓"千里之行，始于足下"，说一万遍不如真正地迈出一步。按照我们的步骤，一点一点地蜕变吧！

第 1 章到第 5 章包含了许多内容，其中大部分对你来说都是全新的。下面先帮你回顾一下这些知识。

◎ 迄今为止你学到了什么。

◎ 一些需要你回顾的知识。

◎ "改变自己"的决定。

◎ 你决定改变的东西。

◎ 建立面对自身问题的"计划"或"构想"。

◎ 你对"改变"的进程是否保持记录。

很希望你能定期地记录自己的决定、进展以及接下来的计划。

｜认知行为疗法的修正｜

当你需要采取行动克服困难时，你就能体会到认知行为疗法的巨大作用，因为它能使你有勇气振作起来。

1. 定期记录你的想法。

改变测试

追踪你的负性思维

你的负性思维与你的"定期记录想法"是怎样相互协作发生作用的？你是否打算持续追踪其中的一个呢？如果没有，为什么不从今天开始？从现在开始？如果你这样做了，那你觉得它是如何帮助你集中注意力的？

2. 记录想法是控制负性思维的主要工具，有了想法的记录就

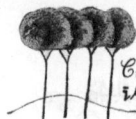

像你手中有了一张很大的捕蝶网，当蝴蝶飞过来时，你就能抓住它们。

─ ─ ─ ─ ─ ─ ─ ─ ▊ 改变测试 ▊ ─ ─ ─ ─ ─ ─ ─ ─

观察你的功能失调性假设

你有没有注意过你的负性思维是什么样的？是否有负性思维在你的某些问题中出现？如果你能发现其中的一些，这将有助于你了解本书的后半部分，即更多关于焦虑、恐惧、心灵创伤、愤怒等的具体问题。你是否注意过自身的一些强迫性想法？如果有，本章对你是很有帮助的。

你认为你的负性思维会是什么样的，把它记录下来。

─ ─

你的负性思维会带你找到问题的源头。所以你需要继续沿着箭头方向向下进行，通过功能失调性假设，跟随你的负性思维，到达最底端的核心信念（你可以想象一下盛满饮料的玻璃杯，最上层是泡沫，中间是液体，底部是沉淀物）。

─ ─ ─ ─ ─ ─ ─ ─ ▊ 改变测试 ▊ ─ ─ ─ ─ ─ ─ ─ ─

识别你的核心信念

找出你常见的一两个负性思维，并且迅速朝下一步进行，这样就能提醒自己：你的功能失调性假设与核心信念是什么。以下图为例：

─ ─

负性思维	"开会时我总是迟到"
功能失调性假设	"所有的事儿都与我无关"
核心信念	"我真的很没用"

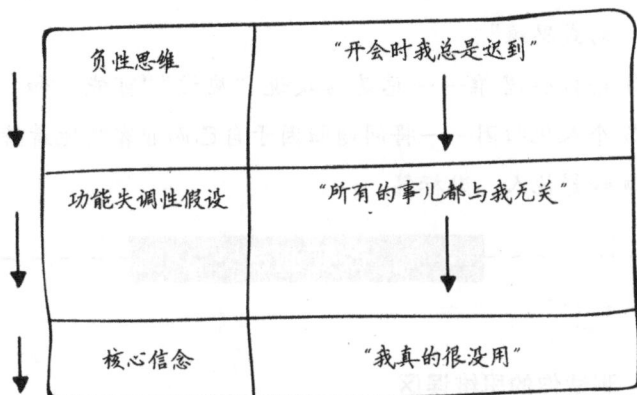

对你来说，比较重要的核心信念是什么？

3. 看着你的负性思维和想法记录——你能够辨认出哪些是思维误区吗？在第 4 章，我们很清晰地看到了你可能陷入的各种思维误区。记住，思维误区也是一种思考方式，它贯穿于你的生活中，如果你开始运用认知行为疗法，你就可以"修正"它，比如，测试一下它们的效用。

我们把最常见的思维误区定义为以下几种。

◎ 黑白思维——全盘肯定或全盘否定的观点。

◎ 笼统概括——以偏概全。

◎ 心理过滤——只看到坏的一面，忽视好的一面。

◎ 贬低事物的积极面——只看到事物悲观的一面，看不到乐观的一面。

◎ 读心术、算命——自认为可以看到实际上很难看透的事物。

◎ 夸大一切或轻视一切——无论是灾难宣扬者还是否认灾难者，都会让你陷入困境。

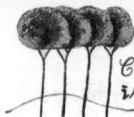

◎ 情感推理——感性而非理性地处理问题，也常被称为"奇幻式思维"。

◎ 条件性思维——总是喜欢说"应该""可能"和"必须"。

◎ 个人化归因——将问题归因于自己而非客观地看待问题。

◎ 怪罪他人、贴标签。

改变测试

测试你的思维误区

你主要的思维误区是什么？

---

4. 接下来，我们会针对你的问题做一个"计划"或"构想"。

改变测试

构思你的问题

你能够回想起你的计划或构想吗？你能快速地描述一下，当你自身的负性思维出现时，你的计划和构想能发挥什么作用吗？

---

5. 我们也会看到一些人通过逃避等"自我防御"来继续他们已经习惯的糟糕生活（详见第 5 章）。

6. 你是否用"自我防御"行为或想法来逃避问题？你是否注意到自身的某些"自我防御"行为呢？如果是，请把它们记录下来。

7. 在第 5 章，我们也看到了通过测试来解决问题的重要性。

认知行为疗法也采用类似的方法，并持续监督你的计划的进展情况，直到你的行为、思维或感情发生改变。

8．这种测试通常是将你置身于引起你焦虑、恐惧或为难的事中。刚开始，你可以在小范围内的事情上慢慢地暴露自己，直到你能接触更具挑战性的事物。你需要持续观察自己的情绪反应和焦虑程度。

改变测试

自我测试

你是否尝试过用自我测试的方式来找出问题？如果是，到目前为止你是否发现了自己的一些问题？哪些问题已经解决了？哪些还没有解决？

9．如果你读这本书比较吃力，或者发现认知行为疗法的某些章节到现在还没搞懂，那么是哪些方面没弄明白呢？记录下来你需要弄清楚或者需要回顾的部分。

10．如果你准备继续往下读，你可以从自己感兴趣的方面出发去读下一章，你可以跳读，也可以全篇通读。这样你就能针对本书建立自己的知识框架，也许还能总结出自己的问题，并做出解决问题的方案。

| 重要提示 |

要想改变你的生活，就必须做到以下几点：

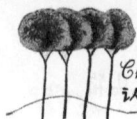

◎ 你希望生活有所改变；

◎ 针对你的问题，你必须有所行动；

◎ 努力找出你想改变的是什么；

◎ 制订计划并坚持贯彻；

◎ 尝试着遵照本书的建议来取得进展。

现在，我们把目光转移到后面的几个章节，让我们关注以下几个具体问题：

◎ 焦虑、恐惧和强迫症；

◎ 抑郁；

◎ 愤怒。

一开始，认知行为疗法看起来不那么容易理解，但是日积月累的话会对你产生意想不到的效果。坚持使用认知行为疗法会有很好的成效。

所以，不要放弃，坚持下去。你的生活将会发生改变，用自己独有的方式来使生活变得更美好！

生活中的认知行为疗法工具箱

工具 1：制订计划，并坚定改变自我的决心。

工具 2：了解自己的世界观以及如何运用它。

工具 3：发现并记录自己的消极想法。

工具 4：找到并消除自己的思维误区。

工具 5：澄清问题并进行测试。

工具 6：重新考虑一下自己的决定，并有改变自我的决心。

第二部分
CBT 改变生活

CHANGE YOUR LIFE with

CBT

第二部分

CBT改变生活

CHANGE YOUR LIFE with

CBT

第 7 章
征服心中的猛虎：焦虑症、恐慌症、心理创伤、强迫症和成瘾行为

并不是事情的困难使我们害怕，而是我们的畏惧使事情变得困难。

——塞内加（*Seneca*）

你是否因为担心儿子的安全而从来不让他离开你的视线？你是否害怕登上舞台进行表演？你是否惧怕给客户打电话或者与陌生人交流？你是否觉得自己的手很脏，所以一直洗手？你是否在雷雨交加的夜晚而蒙上被子战战兢兢？这些恐惧和症状都源自你的内心。运用减压法、沉思法、想象性思维法、暴露法和运动法，你可以征服那只驾驭你的猛虎。

征服心中的猛虎：焦虑症、恐慌症、心理创伤、强迫症和成瘾行为

在本书的第一部分，我们谈到了认知行为疗法的含义、工作原理，以及解决问题的具体方法。认知行为疗法帮助我们勇于面对那些曾经难以面对的恐惧和困难，让我们能够以更积极的心态去思考问题、解决问题、享受生活。正如我们所看到的，认知行为疗法是一个系统而有规律的治疗过程，并且可以迅速获得重大效果。

生活中我们难免要经历一些困难挫折，本书第二部分将带你一起探究人生中的这些特殊时刻。每个人都会犯错误，而且我们可能正面临着相似的、人人都会遇到的困难。

正因如此，认知行为疗法中没有"我们"或"他们"之分，就好像我们共同致力于找到一种方法，帮助你解决各种问题。这是一本自我学习的书，其目的在于通过阅读本书找到解决问题的方法。

| 你在害怕什么 |

人类的本能

很多人，包括很多研究者，都相信恐惧是人类固有的天性，毕竟人类需要战胜一定的恐惧才能得以幸存于世。恐惧是野外生存中的"逃跑、战斗或木僵"机制形成的源头之一：在危急关头，我们通过自主神经中枢系统感觉到恐惧，然后采取相应的自我防御措施。应激反应意味着我们的反应先于思维，因此：

◎ 逃跑表现为奔跑、躲避、逃避；

◎ 战斗表现为面对挑战，准备攻击或防御；

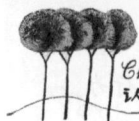

◎ 木僵表现为停止行动或思考。

面对恐惧的第一反应

当你受到威胁或感觉面临灾难时，大脑和身体会突然进入超速运转的状态，试图找到有效应对当前困境的方案。与此同时，你下意识地开始呼吸加速，为大脑摄入更多的氧气，以确保大脑更好地进行思考——你需要动用全部智慧应对挑战。在危急时刻，人们通常会对事情发生的那一瞬间记忆深刻，并且形容那一瞬间如同电影中的慢镜头，所有的细节都历历在目，而周遭的一切事物都被忽略了。

在面对威胁的那一刹那，我们对时间的感知以及我们的嗅觉、味觉、触觉、听觉和视觉都可以被篡改和记录，然后逐字逐句刻在我们的记忆当中。这是因为，大脑此刻会受到求生意识的刺激，转由扁桃腺（属于边缘神经系统）控制，所以会变得异常敏锐和专注。扁桃腺是位于大脑深处的原始情感和反应的中枢，我们的恐惧刺激扁桃腺开始工作，因此我们能够观察到事物的微妙细节。

随着心跳加快和呼吸加速，新鲜的、含氧量高的血液流向肌肉，为"战斗或逃跑"做准备。如果恐惧或威胁过于强大而无法抗拒，或我们意识到无法轻易逃脱，我们也可能为了自我防御而维持"木僵"状态。同时，肾上腺素和皮质醇以及含氧量丰富的血液进入到血液循环中，汗腺变得更加活跃（在身体因试图"逃跑"而温度过高时给身体降温）。

血液不断涌向心脏，整个身体进入"红色警报"状态，反应迅速（这也是人们在面临危机时面色苍白的原因）。这一切都在无

征服心中的猛虎：焦虑症、恐慌症、心理创伤、强迫症和成瘾行为

意识的状态下突发，可能引起头昏眼花，头晕目眩，双手、膝盖、双脚、双腿麻木颤抖，呼吸困难以及出现幻觉等反应，如图 7-1 所示。

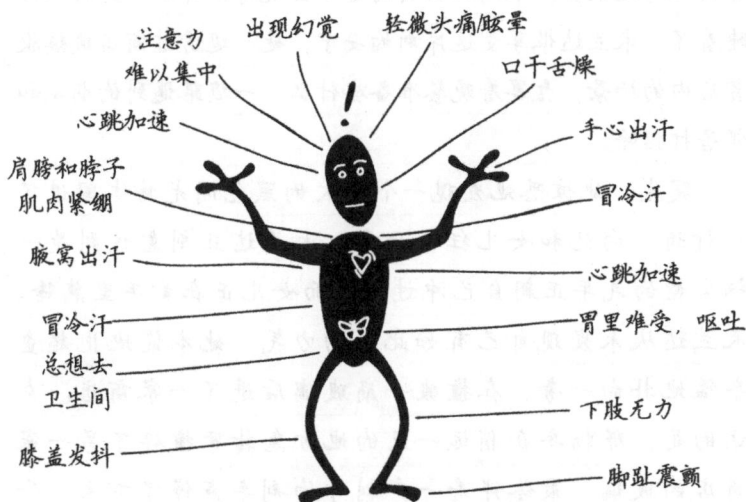

图 7-1 身体各部分对于威胁或挑战的反应

焦虑反应

遇到危难时，我们的"逃跑、战斗或木僵"反应如此突然，以至于根本来不及想到底发生了什么，只能单纯地做出反应。这是一种本能，会进一步引起肌肉的反应，并且通常完全不受意识控制。所有这些氧气、血液、肾上腺素和皮质醇的循环运动都做好了前期准备，接下来就是"焦虑反应"。当我们迫切寻找求生之路的时候，大脑飞速运转、肌肉紧绷、手心出汗，我们也变得更加警觉，反应更加灵敏。

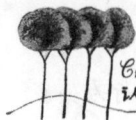

案例手记

　　一个阳光明媚的午后，米兰达推着女儿米玛沿着乡间公路旁的人行道散步。米玛在新买的童车里玩得很开心，此时已经睡着了。米兰达很享受这片刻的安宁，她一边透过商店玻璃欣赏店内的场景，盘算着晚餐准备些什么，一边跟遇到的朋友和邻居打招呼。

　　突然，她惊恐地发现一个巨大的黑色闪光物体闯进了人行道，向她和女儿狂奔而来。米兰达立刻意识到是一辆失控的汽车正朝自己冲过来，而女儿正在童车里熟睡。米兰达从未发现自己有如此大的力气，她本能地抱起童车猛地扑向一旁，在撞破一扇玻璃后进了一家商店。幸运的是，那辆车在稍远一点的地方急转弯撞碎了另一家商店的玻璃，最终伴着一声刺耳的刹车声停了下来，除了醉驾的司机以外，其他人都没有受伤。

　　事发以后，吓得发抖的米兰达描述了事情的经过，她仍难以相信自己竟然有超人的力量抱动载着女儿的童车（平时，她连把女儿放进童车都很难），并且估算出了自己到商店门口的距离。

　　一切都在一瞬间完成，米兰达以迅速的判断和行动救了自己和女儿的生命，庆幸的同时，她也为自己的举动感到惊叹不已。尽管她俩都受到了严重的惊吓，但多亏了米兰达下意识的、本能的"逃跑"反应和应对危难的行动，才让她俩安然无恙。

自我测试

你的"逃跑、战斗或木僵"机制

在你遇到突发事件或在危急关头时，你是否也会迅速做出反应？那是一段什么样的经历？你当时的感觉如何？你能否清晰地回忆起之后的情形？如果可以，请描述一下之后发生了什么？

为长期焦虑而困扰

米兰达的第一反应很快，而且她对恐惧的反应也不过度。但在日常生活中，我们往往过分担忧，经常处于莫名的、没来由的紧张、不安与焦虑中。这种持续性的焦虑是不健康的，如果不加抑制，可能引发各种心理问题、行为问题和生理问题。

事实上，长期处于应对紧急事件的戒备状态会导致胃酸分泌过多（引发胃溃疡），大脑和身体分泌出过量的化合物质（比如肾上腺素和皮质醇），血液供给过量，从而引发偏头痛、神经性头痛，严重时还会引发中风和心脏病发作。如果总是因为一些实际不存在的威胁而焦虑，我们应该采取措施加以控制。在这之前，有必要深入了解一下焦虑的源头。

| 焦虑源于什么 |

恐惧是一种原始的情绪状态，焦虑好比是紧张与不安的衍生

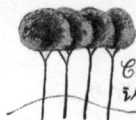

物，可能是暂时的，也可能会持续很长时间。

遗传因素

焦虑能否被遗传？这种遗传关系是否存在？目前，研究表明，恐惧与焦虑之间很可能存在某种特定有效的遗传关系。研究发现，双胞胎具有相同的焦虑和恐惧的概率是普通人的两倍，这个结果证实了遗传关系的存在。

同样，一种特定的基因（人类23位基因中的第17位基因）——羟色胺转运体基因已被确认与焦虑症有关。科学家们认为，与常人相比，缺少这种基因的人更容易患焦虑症和抑郁症（在不考虑阴暗童年的前提下）。

另外，常见的人格类型似乎也与人的焦虑程度有关。比起那些温和、情绪平稳、深思熟虑、头脑冷静的人来说，敏感、情绪波动较大、消极被动、容易激动、神经高度紧张、自寻烦恼的人更容易受到焦虑症的困扰。

童年因素

尽管认知行为疗法只关注"现在"，然而需要明确的是，童年因素不能忽略，因为其很可能是使我们变得焦虑、恐惧和过分担忧的源头。下文所提到的环境似乎并无特别，但是研究者发现，在这些环境中长大的人可能普遍比较焦虑。他们的父母可能曾经有过以下举动。

◎ 过于严厉，要求他们达到很高或者不可能达到的标准。

◎ 对他们有情感上的压抑或责罚。

◎ 对他们进行身体上的责罚（体罚）。

◎ 过于敏感和担忧，总向他们传达"世道很危险"的信息。

◎ 情绪不稳定、自我陶醉或自我依赖。

◎ 对他们进行情感虐待、身体虐待或性虐待。

◎ 溺爱。

案例手记

梅根十分溺爱孩子。她时刻都在担心儿子会出交通事故，为此，她将儿子的室外活动范围控制在大门以内。在儿子小的时候这样做是无可厚非的，但是，儿子现在已经 11 岁并开始上中学了，梅根依然坚持每天接送。"你还没有像我一样认识到交通安全的重要性，"梅根担忧地对詹姆斯说："过马路的时候，稍不注意就有可能被车撞到。"显然，梅根是一个过度焦虑的人，这可能是因为缺乏安全感或经济得不到保障，所以时刻保持着对周围危险事物的警惕，即使目前实际生活中并没有真实存在的危险。

溺爱使梅根长期处于一种持续的焦虑和戒备状态，她总是黯然神伤而身心俱疲，同时，她也给儿子带来了短期甚至长期的影响。

如果不教会儿子依靠自己的智慧和判断过马路，这很可能意味着，在将来需要独立面对外界时，他会成为一个无用之人。事实上，这样做并非是在保护他，而是使他陷入更大的威胁，因为在过马路时，他会感到非常缺乏自信。更严重的是，梅根在不知不觉中将她的焦虑转移到了儿子身上，这种转移恰恰使他对过马路产生过度的恐惧。

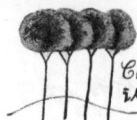

是的，他将来终归能够学会过马路，但是他也需靠自己找到自身的发展道路，学会独立地与人相处、适应现代社会，这样他才能获得自信，并充满信心地继续自己的人生道路。与此同时，他可能会与母亲产生隔阂，逐渐讨厌母亲，不想让她知道自己的行踪，因为他实在害怕她那种过度的反应。所以，多方面看来，梅根目前最好的选择或许就是学会克服焦虑，帮助儿子树立信心。

压力因素

压力会让人变得焦虑、恐惧、惊慌失措。当你感到压力不断增大时，你就该积极地采取行动了。对照下面的清单，看看你是否正处于相似的困扰中？

------------------------ 真实性测试 ------------------------

现代生活中的压力之最

● 离婚或分居

● 家庭成员生病或过世

● 居无定所（尤其是老年人）

● 被解雇（或是裁员）

● 家庭矛盾

● 受伤或生病（包括慢性疾病）

● 怀孕

● 结婚

- 破产

- 被解雇、失业

- 换了新工作（并且工作量很大）

- 生孩子

- 被拘捕、坐牢

自我测试

了解自己的压力

在当前的生活中，有没有什么事会让你感到有压力？你是否正在经历或在过去的六个月内曾经历过上述的一些压力？花点时间将这些事情记录下来。最近一段时间，让你有压力感的事情是什么？你是否因此而变得比往常更加焦虑或反应过激？如果答案是肯定的，请试着描述这种焦虑的特征。

| 理解"健康的"焦虑 |

我们有必要对生活中的恐惧和焦虑进行一定的分级，否则无法进行之后的步骤。这一章节不是教你如何消除原始的本能情感，如果没有这些情感，人就好比行尸走肉，或者变得很脆弱、很虚幻。这一章将教你如何有效利用这些本能情感，从而让自己的生活变得更美好。

其实，我们完全不必对焦虑如此害怕，相反，我们可以将它

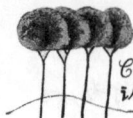

视作人类人格的一部分而欣然接受。同时，如果恐惧和焦虑让你不知所措，学会控制它们是很有必要的，这样就可以使你的生活变得更加丰富多彩。

案例手记

格兰厄姆，33岁，是一个老演员，他说每当整合表演或者上电视节目时，他都会情绪紧张、心里发慌。前一天晚上会失眠，而且一醒来就感觉到头疼、恶心、嘴唇发干。他脑中想的是，自己会不会一上台就定住，然后把台词全部忘光？在他上戏剧学校的时候就曾经发生过这样的事。"表演的前一天，我努力克制自己喝水的冲动，因为我知道那会消耗我的脑细胞，"格兰厄姆大笑着说，"不管怎么说，要想成为一个好的演员，我必须要经历舞台恐惧，现在我终于意识到这一点，所以我会努力克服恐惧以提高演技。"

留意你的感觉

你会发现，当你阅读关于焦虑、恐惧、心理创伤等问题的章节时，会产生某种让你极力逃避的感觉。你感到害怕，因为书里描述得太准确了，那正是你感觉的真实写照，或者说那会强烈影响你的感觉。

这就像将手伸到火里，你顿时感觉惊慌——"我是怎么了"或者"噢，天哪，我遇到大问题了，这下麻烦大了"。其实你不必惊慌（是的，真的不要惊慌）。你会有不同程度的恐惧感——甚至掩盖不了，这是人之常情。因此，不要太勉强自己。尝试克服你的恐惧，这样你就能心态平和地阅读本书并从中获益更多。

你要记住，恐惧和焦虑：

◎ 是人之常情，所以我们每时每刻都能感受到；

◎ 有时间限定，尽管当你强烈感觉到它们时认为它们会永久存在；

◎ 有助于你的生存和活动，所以你不需要完全消除它们，但也不能任由它们摆布；

◎ 是某事将要发生的前兆——但你可以学习如何读懂这些信号，并知道如何去做。

对"恐惧"自身的畏惧

如果你正经受焦虑，那么，你的大部分时间可能都处于极度恐惧中。或许还经常伴随有"极端想法"，你描述或思考问题时喜欢用一些词语，类似于"糟糕的""吓人的""可怕的""恐怖的"。

你所经历的"思维误区"可能是"灾难宣扬""黑白思维"或"心理过滤"中的一种。在这些观点看来，即使是一件微不足道的事，也能引起世界末日的到来。本书这样说，并不是让你低估事情的严重程度，而是要告诉你，当你畏惧的事物变成"恐惧"本身时，你就很难分清真实的威胁和你所认为的威胁。

洞察力

如果你的恐惧感特别强烈，而且你想通过某种习惯或强迫行为来避开它，强迫症就会产生。它是人们克服强烈焦虑

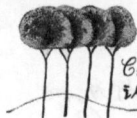

感的一个途径，主要表现为以下几种形式：

- 数数，列举清单；

- 重复检查随身物品；

- 不停地洗手，不停地擦拭物品；

- 按照数字顺序、字母顺序或者颜色摆放东西；

- 会专注于特定词语、短语或句子；

- 咒骂或歇斯底里地喊叫（也叫多发性抽动症）。

| 如何驯服你的猛虎 |

想要克服恐惧与焦虑，首先要做的就是，以认知行为疗法的视角了解恐惧和焦虑的诱因。本书的关键在于，帮助读者实现自我治疗，所以我们需要了解，什么让我们更容易焦虑，我们需要警惕什么样的负性思维。现在，我们将会看到不同情况下的几种焦虑，并找到合理消除恐惧的方法。

| 理解你的焦虑 |

如何得知自己处于焦虑中

第一步，症状检查。以下是一些症状，或许不是全部，但在焦虑时，一定会有一些表现得非常明显。

◎ 感到烦躁不安（四肢痉挛，面部抽搐）。

◎ 注意力难以集中。

◎ 额头、手心、脖子等地方出汗。

◎ 肌肉紧绷（脖子疼、头疼）。

◎ 失眠（难以入睡，夜里总醒）。

◎ 暴躁易怒。

◎ 胃痉挛、呕吐、消化不良。

◎ 想用酒精或毒品麻痹自己的真实想法。

> 一切事物都是充满危险的，所以我们不需要恐惧任何事物。
>
> ——格特鲁斯·斯坦（Gertrude Stein）

那么，焦虑是如何变成长期行为的？我们可以通过表 7-1 了解一下。

表7-1　焦虑如何变成长期行为

正常的焦虑	焦虑症
真实的危机感 ⟶	极端的危机感
	过分担忧
	夸大事件后果
	沉思，固执己见，不知所措
合理的忧虑/担忧 ⟶	极度担忧
	害怕"精神失常"
	害怕失控、疯癫、死亡
与威胁有关的夸张想法 ⟶	总是宣扬灾难
	总是"黑白思维"（长期）
	长期持有夸张思维

（续）

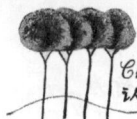

正常焦虑时的身体反应	焦虑症的反应
心悸 ⟶	心跳持续加速
肌肉绷紧 ⟶	胸闷、无力、肌肉疼痛、头疼
呼吸急促 ⟶	气喘吁吁、头晕目眩、感觉不真实
情绪紧张 ⟶	恶心、总想去卫生间、腹泻
汗流不止 ⟶	一直冒汗
血液涌上心头 ⟶	出现皮肤问题、脸部惨白无血色、起红斑

| 你可以感觉到的焦虑 |

你的焦虑有多大的强度？处于何种水平？当你查看自己的想法记录时，仔细观察你的焦虑呈现什么特征。测试其强度，在 0 ~ 100 之间打分。通过以下的描述，思考你属于哪一种情况。

正常焦虑和焦虑症

焦虑是现代生活中不可避免的一部分。由于每个人的社会背景、生活环境、性格、个人经历以及心理特征和先天因素不同，所以焦虑总是以不同的形式和强度出现。你会经受不适带来的痛苦，也会遭遇恐惧的全面袭来。这也许是对特定事物的回应，它们也许还会"冷不丁地"突然降临到你头上。后一种焦虑被称为"流动性焦虑"，它总是毫无预兆地出现（比如，你突然没来由地感到紧张）。

如果你的焦虑和实际存在的事物有关，那就是所谓的"情景性焦虑"或者"恐惧性焦虑"，正如恐惧感与一些具体的事物密切相关。而过度担忧未来发生的事则是"预期焦虑"的表现（例如，你即将第一次见到未来的公婆，你总感觉自己会把一切搞砸，会说错话）。

以下是你可能会感觉到的焦虑形式：

◎ 摇晃以及颤抖；

◎ 泪流不止；

◎ 胸闷；

◎ 恶心或者腹部绞痛；

◎ 不真实感；

◎ 害怕自己会死；

◎ 窒息或感觉"喉咙有个肿块"；

◎ 害怕会"变疯"或者失控；

◎ 满脸通红或者四肢疼痛；

◎ 感觉不真实，好像超脱尘世；

◎ 心跳加速，心率失常；

◎ 呼吸困难，似乎喘不上气来；

◎ 不停出汗。

案例手记

玛丽坐在桌前，她得给客户打个电话，这是她最忍受不了的事。一拿起听筒，她双手就会发抖。近来，每次只要她一打电话，就觉得似乎有杏核大的东西卡在喉咙。打电话之前，她都要去洗手间补妆，或者在空调前徘徊，要不就不停地冲咖啡。确实，让她做什么都行，只有打电话除外。最近一次，她给一个客户打电话，被对方一顿冷嘲热讽，不仅如此，对方还对她

大发脾气，这让她感到十分失落和难堪。现在，老板要她在月底之前完成更多的销售额。玛丽早早地溜出去吃午饭——她仍然没有给客户打电话——现在这已经成了她的"心病"。她直奔酒吧，想通过喝酒壮胆。在内心深处，玛丽知道，她是在找借口逃避打电话，但是恐惧感已经笼罩了她。

在极端情况下，当这种焦虑感十分强烈且持续时间较长时，它会演变成"焦虑症"，会严重干扰我们的日常生活。这种"焦虑症"会引发持续的恐惧感，也许是几个小时、几天、几周、几个月甚至几年，而不是在危急关头（或你认为的紧急情况下）转瞬即逝。如果不有效地克服这种"焦虑症"，它会严重危害你的身体健康。

为了帮助你更好地认识焦虑，还有一些常见的焦虑形式供你参考。

社交焦虑症

又被称为"社交恐惧症"，表现为某些人害怕见陌生人，不敢参加社交活动或者当众讲话，害怕被人盯着看，害怕上台表演，甚至不敢当众吃饭或喝酒，或仅仅害怕在公共场合被人看见。

◎ 老板让加里在销售会议上作一次报告，可是加里极其畏惧当众讲话，特别是在老板面前。站在人前，他感到害羞和自卑，他知道自己做不好 PPT——这是他噩梦中经常出现的一个场景。

◎ 某个周六，苏菲突然发现自己不敢去逛商场，因为她害怕进入人多的服装店，害怕被人指指点点或不好意思在公共试衣间脱衣服。

◎ 沙米尔盯着自己的手机屏幕，每当拿起电话，他就感觉羞怯和紧张，自己也会变得手足无措。他不知道在电话里该讲些什么，尤其在他处于难堪的位置时。即使有些"刁蛮客户"在电话中向他施压，他也很难开口拒绝。

◎ 玛莉在一个大型超市购买了一个滑板，回到家后，她发现有一个轮子不能正常转动，还少了一个按钮。尽管她还保留着商品的发票和标签，但她还是没有返回商场退货，因为她没勇气再次面对售货员。

◎ 巴里常年一个人生活，有人邀请他到本地的一个活动中心参加聚会，但他害怕别人用异样的眼光看自己吃饭。他对自己的体重感到自卑，宁愿待在家里一个人吃饭。

对健康的焦虑

例如，害怕死亡、受伤害，或者害怕患绝症。

◎ 西蒙发现自己身上有很多肿块，他非常担忧，经常躺在床上一整夜不睡觉，担心自己会死于某些可怕的怪病。他频繁地去医院检查——其实他什么问题也没有。

◎ 卡特里娜晚上躺在床上时总担心她在儿子未长大成人之前会死去。

◎ 白天，桑迪每隔十分钟就会洗一次手，甚至会在半夜起床洗手，并用刷子使劲地刷手指。他害怕细菌会进入身体，所以在房间各处都喷了消毒液。他甚至在椅子上挂了一个塑制的医疗用具，因为他害怕得重病。

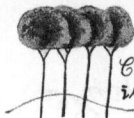

| 有效抵御焦虑的侵袭 |

设想一个令你焦虑感增强的场景，你的真实举动是什么？

唐，31岁，是一位律师，此刻，他正躺在床上。最近他刚离婚，之后生活开始变得一团糟，这使他压力很大。已经凌晨三点，他还是睡不着觉。当他躺在床上时，心跳突然加速，他开始有种恐惧感。思绪开始飘浮："我害怕一个人生活，我将会死去，没人愿意帮助我"以及"我的生活几乎终结，以后再也不会拥有爱情"。

这些负性思维的表象为：唐感觉下颌发紧、胃部紧缩、嘴唇发干、难受得想哭。所有的人和事突然渐行渐远。他感觉眼前的一切都变得模糊、不真实，一切都是虚无缥缈的。

唐该如何应对这种焦虑？如果你也有过这样的经历，你可以尝试以下做法。

◎ 打开灯，从床上坐起来。改变姿势有助于应对不断增强的恐惧感。如果你睡不着，烦躁地躺在那里，焦虑感会增强。你可以起身喝杯热牛奶（不要喝酒、抽烟或者喝咖啡）。

◎ 接受这种感觉，不要排斥它。否认或者忽视只会加强这种感觉。你需要告诉自己，例如，"此刻我很害怕，但那没什么，这种情况是很正常的，恐惧感终会消失。"

◎ 你可以起床，记录你思想变化中的全部负性思维，把诱发你恐惧的每一件事都记录下来。你可以在床边备一个笔记本、一支笔和一盏台灯，如果不想惊扰室友，你还可以就着小手电筒的微弱灯光写字。

◎ 对于你所担忧和困惑的每一件事列一个清单，然后将其折起来压在枕头底下，以备明早查看。

◎ 想想你曾经有过的类似的经历。在过去，你可能经历过这一切，也可能是比这更坏的事，但它们并没有致你于死地。焦虑的时刻终会过去，一切都会恢复正常，虽然焦虑看起来像是会一直存在，但它最终会平息。

◎ 如果你对某些特定的事物感到害怕，你需要走出这个环境，将注意力转移到其他方面，例如，你可以听舒缓的古典音乐或者收音机，你还可以看窗外夜空中的繁星。甚至从一数到十，那都会起到一定的作用。通过做一些小事，例如，欣赏一幅画、轻抚你的宠物或阅读一本书，帮助自己平静下来。

　　焦虑产生时，你还可以做一些其他的小事，如减压的简易方法和短暂的沉思。

　　当焦虑感蔓延至全身时，你可以通过做一些运动来抑制焦虑。当某种想法或症状产生时，我发现自己通常会这样想："天啊，我又这样做了。"通过运用我的认知行为疗法知识，我发现这种焦虑的想法总是反复出现并让我担惊受怕。在那之后，我会做一些事，如放松身心或沉思，这样可以使我自己冷静下来。

　　你可以做类似的一些运动，在公司的午休时间，在附近的公园、停车场甚至在洗手间、在家、在学校、在机场、在交通拥堵时的车内、在火车上、在花园、在床上——不论在哪，只要有恐惧感，你就可以这样做。

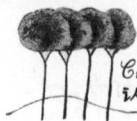

简易减压方法

　　总之一句话，放松自己。这说起来容易做起来难。我们总是互劝对方要"放松自己""好好放松，你就不会感到焦虑"。的确，如果你感觉焦虑，就会觉得任何时间焦虑都可能产生，所以每天24小时你都会时刻保持警惕。因此，为了消灭令你害怕的事物，学会放松是最好的方法。就像上述案例中的唐，你感觉晚上失眠，躺在那里感觉特别烦躁，你希望自己能很快入睡，但你又害怕自己睡着，因为第二天醒来，会发现一切都变得很糟。当你觉得自己不能克服失眠时，恐惧感会增强，所以你的心跳加速、心情烦躁不安、全身冒汗，感到特别恐惧。

　　当前，许多医生和治疗专家会给你提供一些简单的减压方法，以帮助你应对各种焦虑。

如何减压

1. 躺下或坐着，闭上双眼。确保自己是在温暖或舒适的环境中，不要穿紧身衣，不要喝酒，不要放置一些会分散注意力的东西。
2. 深深地吸一口气，然后轻呼出去。
3. 吸气的时候一定要自然平和，然后呼出去。
4. 从脚趾头开始思考，集中注意力。收紧它们，然后放松。
5. 呼吸时要缓慢和平稳，感受一下你的呼吸，然后将其吐出来，你可以多次重复这个动作。
6. 将注意力转移到脚踝上，弯曲或旋转它们，然后放开。当你心情况闷时，你就可以窝在地板上这样做。

7. 接下来就是你的小腿、膝盖、大腿、臀部以及上身，一点一点地，从头到脚。

8. 直到抵达下巴、头部、眼睛、脖子、眉毛，从始至终，你都要深而缓地呼吸，并观察你的呼吸。之后，你只需要坐在地板上、床上、椅子上。过一会儿，你可以睁开眼睛。

其他的快捷减压方法

有一些简单的减压方法你可以使用，比如坐在桌旁，你可以尝试以下方法。

耸肩

1. 停下工作，站起来。

2. 耸立你的双肩至耳旁，用力挤压双肩，然后放下它们。

3. 重复上述动作三次。

4. 将你的手臂和双腿尽可能地向上伸长，使紧张感通过手脚排出体外，就像游泳者热身运动一样。

伸展

1. 站起来，将手臂尽可能地伸长——然后展开。

2. 将双臂慢慢地放在身体两侧。

3. 弯曲下巴，然后把嘴张大并打哈欠，就像金鱼吐泡一样。这个动作重复做三次。

4. 再次将手臂伸长至头顶，手指伸展，放松肩膀。

5. 快速地来回摆动双肩和手臂，借此减轻恐惧感。

短暂的沉思

沉思这个词乍听起来似乎十分荒诞愚蠢，但实际上却很容易

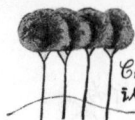

做到且行之有效。每天我都会花 15 分钟沉思，这样就会过得无比舒适自在。尤其当我对时间流逝感到恐惧、害怕而无事可干的时候，当我感觉"自己从未拥有过时间"的时候，我便会通过沉思缓解恐惧。沉思会延伸时间、减轻恐惧感，因此能有效应对各种焦虑。

尝试做 5 分钟的沉思

1. 找一个安静的角落，在房间、花园或者让你有安全感的其他地方。

2. 将计时器定为 5 分钟。

3. 找一个舒服的姿势坐在椅子上或床上，躺下来也行（你不一定要盘腿坐，但这样更舒服）。

4. 闭上双眼。

5. 边想着"上升"边吸气。

6. 边想着"下降"边呼气。

7. 这就是你要做的全部。持续这样做，一边想着"上升"和"下降"，一边吸气和呼气。

8. 当负性思维和焦虑的想法涌入你的大脑时——"我关掉微波炉了吗"或者"现在几点了"——要立即丢掉这种想法，使注意力重新回到你的呼吸上，然后再将注意力转移到眉毛下侧、两眼之间的部位。

9. 吸气和呼气时一定要注意力集中，不要挠痒、睁眼或分心，就算有电话铃响也不要动。不要在意其他事，只专注于呼吸及眉毛下侧、两眼中间的位置，时间结束方可停止。

10. 轻轻地睁开眼睛，慢慢地站起来并伸展双臂，你会感觉精神饱满，心情平静，焦虑程度也会下降。

当你习惯于沉思后，你可以将时间延长至 10 分钟，然后是 15 分钟或者 20 分钟。你可以白天或晚上做，也可以中午做，或者三个时间段都做。另外，在深夜，如果你的大脑高度紧张，以至于不能轻松入眠，你还可以在床上做（不需要计时）。

沉思的奇效

沉思最大的效用就是放慢大脑的初始运转速度。这样，你的大脑实际上会处于"兴奋暂停期"。有一个著名的故事是关于法国佛教僧侣马修·李卡德（Matthieu Ricard）（他同时也是生物学博士以及探索科学家）的，这在他的名著《幸福：经营生活之道》（*Happiness : A Guide to Developing Life's Most Important Skill*）里有所介绍：他坚持每天沉思的习惯有 35 年，在所有人看来，他似乎都是一个快乐、平静、幸福的人。

研究人员曾经对马修·李卡德进行了测试，其中一步是，将他置于核磁共振成像扫描仪之下三个小时，以查看他大脑的运转情况。大多数人觉得，将自身置于核磁共振成像之下是一件恐怖及不舒服的事，即使是很短的时间也不行。然而，当他从这台嘈杂封闭的仪器中出来时，他只是微笑着说了一句："就像一个迷你休息室。"这就是沉思和受控思维的力量。

案例手记

班尼，29 岁，他很讨厌经过伦敦的地下通道。每次只要一踏手动扶梯往下走或进入地下通道，他都会有种很真实的恐惧感。火车上的任何封闭空间都会让他心跳加速、呼吸困难、

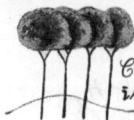

头晕目眩，这种感觉还会不断增强。最近，他开始害怕火车会停在隧道里，而他会在这里被困数小时。班尼解释说："我每天都会看到关于交通事故的报道，我认为那也会发生在我身上。现在，如果火车停站时间超过 1 分钟，我就感觉心脏开始怦怦跳，我开始紧张地环顾四周，寻找逃亡的出口。"

班尼清晰地感觉到了莫大的恐惧，不管是在火车上，还是在手动扶梯上。他说他想避开隧道，宁愿乘公车或步行，这样他就不必走地下通道。这直接导致他开会或约会迟到，而且，有时在不得已的情况下，他也需要穿过隧道以便准时到达目的地。

那么，班尼该怎么办呢？如果你也正经受着不断增强的恐惧，你该做些什么来阻止其发展成全面的恐惧呢？

除了上述简单的减压方法和短暂沉思法（这些对缓解恐惧都很有帮助），事实证明，将恐惧扼杀在萌芽中也是至关重要的。

因此，如果你恰好在这种时刻：感觉自己的焦虑不可控制，并会向恐惧演变，竖直的头发紧紧贴在背上，或者胃部紧缩，显然，你也有了负性思维的迹象，例如，"我要想方设法出去"或者"救命啊，放我出去"。

用积极的自我对话消除红色预警

此刻，负性思维的早期预警已经拉响，所以，你需要留意你的红色预警。你应该有意识地改变你脑中的想法，从"我要想办法出去"到"一切都很好，火车很快就会启动，没什么可担心的"。你需要通过积极的自我对话来缓解你的恐惧。你要告诉自己，一切都很好或说服自己不要害怕——就像某些人（好朋友、父母、治疗专家）用平和的语气开导你一样。

所以，如果此刻你正坐在火车上，你也像班尼一样恐惧感不断增强，那么，你可以通过以下几点来减轻自己的恐惧感。

1. 深深地吸一口气，闭上双眼。

2. 告诉自己："一切都很好"或"我感觉良好"或"我能应付这一切。"

3. 不断地跟自己说，就像念经一样。

4. 慢慢地呼吸（不要深呼吸或过度换气，这只会适得其反）。

5. 你需要向朋友或者配偶倾诉，告诉他们你的感觉——这样可以缓解压力。

6. 你可以和其他人交谈，或者仅仅是评论你的感觉，简洁地讨论你的感觉可以减轻恐惧感——孤立只会让情况变得更糟。

想象性思维

当运用想象性思维时，人们在脑海中会想象着自己正在做一些平静内心的事，例如，漫步在凉爽、郁郁葱葱的乡间小道上或在海边散步，享受微风轻拂发丝的感觉。不论在什么地方，做这些事的感觉都是十分美妙的，特别是你感觉恐惧来临的时候。

我自己最喜欢的是：想象有一盏灯，在灯罩下发出橘红色的光，暖暖的，就像倾泻而下的瀑布，在你和恐惧的事之间竖起一个屏障。我讨厌拥挤的火车，因为我觉得，在炎热的夏天乘坐火车会使我的恐惧感增强。当挤进拥堵的车厢时，我可以闭上双眼，想象有一束微亮的光芒如瀑布般洒落在我身上，就像是从拉紧的

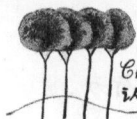

窗帘缝隙中照进来的。结合实际进行想象真的很有效，因为这让我的内心变得平静和镇定。

身患绝症的人，例如癌症患者或正在接受痛苦的药物治疗的人，可以运用想象性思维方法。在某种意义上说，这种方法和沉思有关联，因为你可以平静内心，放慢心跳速度，从而让情绪处于最佳状态。

纸袋法

除了减压法、沉思法和想象性思维法，减轻恐惧感还有另外一种常用的方法：就是简单地对着一个纸袋吸气和呼气。用手将纸袋对准嘴巴并密封好，然后吸气和呼气几次，数到十放开。这种方法的效用在于，当你的恐惧感增强时，分散你对恐惧的注意力，让呼吸或喘息变得均匀。

克服恐惧症

如果你有恐惧症，你会害怕某些物体（如蜘蛛）或某个环境（如电梯里），这会引起你的恐惧感，身体也会产生某些反应（如呼吸困难、心跳加速）。恐惧症的特征：程度强烈、发生速度快、恐惧对象涉及范围广（如动物、环境、某些经历、血液、食物等）。

克服恐惧症的步骤

1. 首先，要承认你有恐惧症——不要否认。
2. 如果面对你讨厌的东西，你的恐惧感增强，那么认真地思考一下，告诉自己"我能应付好这一切"。积极的决断或自我对话是应对恐惧的有效方法。

3. 如果你认为自己不能平静地面对某些事情，例如看见一只蚊子，那你只需要转移注意力。如果你深陷某种恐惧中不能自拔，例如独自在车里，那么，在你的情绪恢复正常之前，把车停在路边或停车场里是至关重要的。如果能想办法克服，就不要向恐惧妥协。

4. 向他人求助——例如，通过你信任的朋友或家人（或治疗专家），让自己不再对先前恐惧的事感到害怕。如果看见一只蚊子，你可以让你的朋友把蚊子放进密封罐里，这样你就觉得安全了。测试一下，把它放到多远的距离能让你不再感到害怕——随后在你的思想变化记录本上记录下来。"实验"前，要记录你的恐惧程度，实验后，再次记录。

5. 设计一系列测试，各测试之间要有一定的时间间隔，测试一下，慢慢地将自己暴露在害怕的事物面前——即便只是几秒，也比不做强——这样，当你逐渐习惯于此事物时，你就不再害怕。例如，一次，你和一只蚊子共处一室，它趴在角落里，如果你可以向它的方向迈进几步，那么恭喜你！

6. 慢慢地、逐步地接近蚊子，甚至在某种程度上，你最终可以用带手套的双手去摸它或把它捡起来。

7. 接触你害怕的事物时不要操之过急，否则会适得其反。花时间做好准备，少量多次地让自己对之前害怕的事物不再感到害怕。

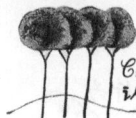

8. 通过测试你的恐惧程度——在暴露于恐惧事物之前、之中、之后，看看自己扭转局势的概率有多大。保持思想变化记录的连续性。

改变测试

找出你的恐惧症

你有恐惧症吗？当新的恐惧产生时，你能觉察到吗？将以后可能产生的恐惧记录下来。

┃克服心理创伤┃

创伤后应激障碍

在生命受到威胁的情况下，经常会产生这种心理问题。例如，在出车祸、受到袭击或被虐待、经历灾难或战争等情况下，恐惧感非常强烈，你会经历痛苦、恐怖或许多意想不到的事。呈现出来的特征通常是：你对受到威胁或伤害的时刻产生"幻觉"，夜里做噩梦或全身出冷汗，危机感（高度警觉）让你难以忍受，你正处于心理崩溃的边缘，烦躁、生气、羞愧、厌恶和反应过激。

有的时侯，你对某件事情或某个场景记忆非常深刻，而在别人看来，那只是些支离破碎的片段，很难完整地回忆起整个事件，只是让人隐约有些恐惧感。如果你想根除或者避开这种不适感，你可以通过一些方法来调整自己。

案例手记

安娜特别害怕暴风雷雨（雨天恐惧症）。这会使她想起儿时的那场灾难。每当雷鸣闪电唤起她的灾难记忆时，她就会躲起来，用被子蒙住自己甚至藏在柜子里。她的生活在其他方面也开始变得"封闭"起来。她开始待在家里不见朋友。她原本的心理创伤开始逐渐演变成社交恐惧症和广场恐惧症。她丈夫说再也忍受不了她这样，因为两人的生活被恐惧笼罩着，与外界来往越来越少。最终，安娜去看医生，医生向她推荐认知行为疗法。10周以后，安娜能够勇敢地面对恐惧。当天空飘来雷雨云时，她可以和丈夫一起待在客厅里。在认知行为疗法的帮助下，安娜逐渐开始让自己暴露于电闪雷鸣以及随之而来的恐惧想法中。时间久了，她认识到，儿时生活在灾难环境中的经历已经过去。现在，雷电就是雷电，不是威胁生命的战争。

通过暴露，安娜的"雨天恐惧症"得以缓解，我们可以通过表7-2来看一下。

表7-2　评估安娜的"雨天恐惧症"

恐惧的诱因	预期的恐惧程度	真实的恐惧程度
听见打雷、看见乌云满布或者天空灰暗、看见闪电	在0%～100%估算（约90%）	暴露之后，恐惧感是60%

| 暴露的效用 |

一步步地面对恐惧

在第 5 章和上述描写恐惧症的部分，我们可以看到，认知行为疗法让你一步步地暴露于令你恐惧的事物面前——例如，当众讲话、独居、大狗、独处车里——不论是什么，它都会阻碍你的成长。如果像安娜一样，你也害怕雷雨暴风天气，那么你可以试着按下面的方法做一下。

1. 记录下什么是你所恐惧的事物，然后想想当你面对它们时会有什么反应。
2. 将自己暴露于暴风雨中（哪怕只是几分钟），记录下你真正感受到了什么（真实感受）。

| 克服强迫症 |

在这里要提醒你，任何强迫行为都是以极度恐惧感、控制、完美主义为基础的。患有强迫症的人总是会追求整洁、有序、极度卫生的生活，其实背后真正的原因是他们害怕死亡、生病、失控。

有人对某些事物疯狂着迷，包括对人物（比如狗仔队、疯狂的歌迷或影迷）或对具体物体（例如喜欢收集或收藏东西，如报纸或鞋子）。有的时候，强迫症会在日常行为中表现出来。例如，数数字，收集火车、飞机或汽车的标志，或者有序摆放物体（如钢笔、图书、纸张或者 CD）。有些强迫症患者会一遍又一遍地检查随身物品，甚至不停地重复同样的话语。

如果你有强迫症，你可能感觉责任重大，渴望永恒的完美，当事情没有按照你预期的方向发展时，你发现自己很难接受这个事实。强迫行为还包括，避开令你不愉快的事物（例如污秽物或动物）或者专注于你的消极想法。

为了克服强迫症，认知行为疗法还为你提供了以下建议。

◎ 减少或停止你原来的习惯、行为或想法，看看这会对你的想法、行为或感觉造成什么影响。

◎ 加强你的想法或增加你的行为，看看这会对你造成什么影响。

案例手记

在睡觉之前，西蒙特别喜欢旋转门把手，使其面朝上。小时候，他就总在深夜时来回走动，然后将门把手旋转至面朝上，这样他才会有安全感。他的妻子发现这个举动越来越令人讨厌，因为，不论西蒙做还是没做，他都感觉痛苦或者对它着魔。所以他不得不一遍又一遍地走来走去，检查门把手是否面朝上。在认知行为疗法的帮助下，西蒙决定停止这种行为，但是，测试的第一步是，让他在早、中、晚都不停地旋转门把手，并在思想变化记录本上记录他的感觉和想法。他开始意识到，自己更多的是担心这种习惯的消失，现在，他终于明白这个事实。他反复检查门把手，增强了他对门把手的着迷程度——结果与他想的恰好相反。所以，西蒙决定停止检查门把手，经过 12 周的认知行为疗法治疗，他起床检查门把手的次数只有一次，这对他的妻子也是莫大的安慰。渐渐地，他决定再也不去检查门把手了。

我有一个患者，在治疗之前、之中、之后总是不停地洗手，而且整天整夜都这样做。我们对这种强迫症的处理方法是，只要他想，就"允许"他不停地洗手，直到他筋疲力尽（以及双手皲裂）为止。之后，他会觉得自己不再想洗手了。

如果告诉某人不要去想头顶上的那只可爱的小兔子，那么，这人肯定会抬眼尝试去看头顶上的小兔子。别人越不让做某事，你就越想做，这是人之常情。当你对某事着迷时，你的内心会时刻提醒自己去做这件事，所以，你需要隐藏内心的想法。

抑制成瘾行为

成瘾行为和强迫行为类似。如果你有暴饮暴食的习惯，且准确地知道饼干储放的位置以及冰箱里的食物有哪些，那么你就会发现，你非常努力地控制自己不要走到冰箱前，然而自己还是打开冰箱门拿东西吃。同样，改掉这种习惯的有效方法是，允许自己暴吃，直到觉得肚子再也塞不下任何东西。从某种意义上说，当你对某种行为成瘾时，极限是很难界定的。同时，暴露于你所渴望的事物面前，在暴露之前、之中、之后，给自己设限，并通过奖励自己来保持这种习惯，测试你的感觉，这些都是助你前进的有效方法。

我曾经接触过一些喜欢吃糖或甜食的孩子，我"允许"他们装满一枕套糖果，然后可以拼命地吃。他们这样吃了一天，最后他们吃腻了。你可以通过这种方式来找出他们吃糖的极限（当然，在那之后，他们需要仔细地刷遍所有的牙）。

很多人发现，为了根除成瘾行为，他们需要彻底改变痴迷某事物的行为，不论是沉迷色情网站，还是吸烟酗酒。伴随成瘾行为会有一些着迷的想法和感觉，停止某行为并不意味着你必须摒弃这些想法和感觉。一般看来，通过思想变化记录法和暴露法，并且花费一定的时间和精力，这个目标是可以实现的。

洞察力

关于暴露法

很多人都知道，认知行为疗法是通过"逐步暴露"法来引导人们勇敢地面对可怕事物的。如果你害怕乘坐飞机，你可以坐入一个飞行模拟器中；如果你害怕蛇，你可以去宠物店，透过安全玻璃观察蛇；如果你总是不停地擦洗地板，你可以"冒险"吃东西并吐在地板上。一个害怕驾照考试的朋友曾经向我求助，我陪他花了两周的时间，只是坐在车里，他握着方向盘，然后慢慢地踩动油门，他手心出汗，身体剧烈颤抖。干坐在车里对初学车的人来说已经足够了。几天之后，他告诉我他已经通过了驾照考试，我很替他高兴，要知道，在运用认知行为疗法之前，他已经连续三次没通过考试了。

认知行为疗法治疗师能帮你想出更多的暴露方法，提升你的暴露水平，直到你能独当一面。举个例子，如果你害怕外出，对于初学者来说，可以想象自己推开了门。下一次，你可能会真的

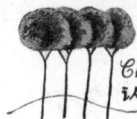

推开门，再过一会儿，你可以慢慢从前门走出去，走到大门前面。如果你成功做到了，你可以继续往外走，例如，走到街上或街对面的第一个路灯下。每一次行动之前和之后，你都需要评估自己的恐惧程度。这样，你能够清楚地了解到，你该如何控制令你恐惧的事物。这种逐渐暴露的测试是认知行为疗法采用的主要方法。

花一点时间，想想你可能会将自己"暴露"于其中的场景：遛狗、在暴雨天外出，或者当众讲话。你是第一次这样做吗？感觉如何？尝试为自己做一个测试，运用第5章最后"小练习"中的表格来评估自己。

改变测试

维持原样或自我防御

翻到本章前面，查看你较早发现的焦虑、恐惧、心理创伤和强迫行为，你是否察觉到你正力图维持原样或采取自我防御行为？这让问题持续存在。你是否曾试图采用某些实用方法将自己暴露于某事物或经历中，以减轻恐惧感？如果是，那么，这些实用方法是什么？你是否曾将其分解成微小、强度逐渐增加的几个步骤？如果是，那么是哪几步呢？将这些方面再做一次记录。某些特定"思维误区"会增强你的焦虑感，你注意过它们吗？同样，把这个情况也记录下来。

| 运动和焦虑 |

最后，研究者通过研究证明，要想消除恐惧症、焦虑症和所有与焦虑有关的症状，一个有效的方法是，有规律地做运动。大多数克服强烈焦虑症的认知行为疗法治疗方案都证明，每天或每周做运动是减轻焦虑感的有效方法。这是因为，运动或特殊的有氧健身运动，例如游泳或跑步，可以充当一味天然镇静剂，在血液循环的过程中刺激内啡肽的分泌。

将规律运动纳入你的日程或每周的计划中。每周好好地做三次 30 分钟有氧运动，这对你的身心都是很有帮助的。当然，在开始做运动之前，你应该先去看医生，以确保你的身体能够承受运动的强度。

然而，你的焦虑程度越高，游泳、跳舞、打理花园或者参加运动比赛对于减压就越有效果，而且，最好是高强度运动。唯一需要你注意的是，如果你有强迫症或者成瘾行为，千万不要为了瘦身而沉迷于做运动。不论做什么事，你都需要持续关注自己究竟在做什么。

本章包括很多基础知识，我建议大家翻到书的前面，看看有哪些方面是与自己相符合的。如果你在负性思维和生理症状刚出现时就用心留意它们，那么，你就要充满信心，在认知行为疗法的帮助下，你完全可以掌控它们。

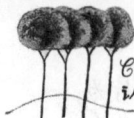

生活中的认知行为疗法工具箱

工具1：制订计划，并坚定改变自我的决心。

工具2：了解自己的世界观以及如何运用它。

工具3：发现并记录自己的消极想法。

工具4：找到并消除自己的思维误区。

工具5：澄清问题并进行测试。

工具6：重新考虑一下自己的决定，并有改变自我的决心。

工具7：战胜自身的焦虑症、恐惧症、心理创伤、强迫症和成瘾行为。

小练习

如果你正经受着焦虑症、恐惧症、心理创伤、强迫症或成瘾行为的侵害，你需要对自己进行测试，选择一个你正面临的问题，通过暴露法应对它。在之后的一周继续进行该方法一到两次。在你的思想变化记录本上做记录，特别需要关注的是，你的恐惧程度在暴露之前、之中和之后各是多少。

CHANGE YOUR LIFE with

CBT

第8章
战胜抑郁这朵 "小黑雨云"

人的一生不可能没有痛苦，我们所能做的就是把痛苦当成生命的献礼。

——伯尼·西格尔（*Bernie S. Siegel*）

情绪低落、嗜睡、失眠、缺乏自信、抑郁、容易疲惫、健忘、易怒……这些坏情绪离我们并不遥远，失去积极乐观的心，一切功成名就都失去了本来的意义。你是否备受这些情绪的困扰？一次行动一小步，让自己恢复活力。行动起来，重拾幸福！

抑郁症不是闹着玩儿的事，事实上，患有抑郁症是很不幸的，它就像我们曾经讲到的老驴屹耳头顶的"小黑雨云"，挥之不去。如今，抑郁症威胁着许多人的生活，令人们痛苦、悲伤，甚至越来越虚弱。当然，我们每个人都会有心情不好、情绪低落的时候，也都会没来由地觉得悲伤苦痛。当我们有太多事情要处理时，就会不自觉地感到厌烦；当我们无聊时，也会觉得沮丧失望，没有活力。处理情绪的起伏是我们在日常生活中必须要学会的事。

| 对抑郁症的偏见 |

一直以来人们对抑郁症都存在着一定的偏见，不愿意在公共场所谈论抑郁症。直到戴安娜王妃被报患有抑郁症，人们对抑郁症的偏见才逐渐消失。如今，谈论怎样与抑郁症作斗争已成为一件稀疏平常的事了。罗比·威廉姆斯（Robbie Williams）、维多利亚·贝克汉姆（Victoria Beckham）、蒙提·唐（Monty Don）等名人都坦言自己曾有过抑郁症，这让我们这些普通人很惊讶——到底多少人患有抑郁症啊！连身为国家瑰宝的斯蒂芬·弗雷（Stephen Fry）都公开地谈论抑郁症，我们又何尝不可呢？

一直以来大家都认为，女性比较情绪化，比较容易抑郁，而男性则倾向于深深地隐藏自己的感情，然而最近情况似乎有所不同了，越来越多的男性开始坦诚地表达自己的情感，甚至有些还在公开场所痛哭流涕。因此，尽管还有很长的路要走，但不能否认社会对抑郁症和精神健康的偏见和歧视正在逐渐消除。

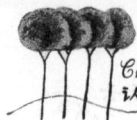

当然，忧郁、情绪低落与真正的抑郁症是有很大区别的。因此，本章将向大家展示更多关于抑郁症的细节，尤其要让大家了解认知行为疗法是怎样帮助患者战胜抑郁症的。

如果你觉得抑郁，那么你可能会有以下情绪体验：

◎ 对任何事都高兴不起来，对什么事都不感兴趣；

◎ 无论多么细小和简单的事，你都觉得非常难；

◎ 对所要做的事情总觉得恐惧、不知所措；

◎ 嗜睡、无精打采，不愿做任何事；

◎ 不想看到别人，不愿与人交流；

◎ 喜欢默想，总是多虑，一遍遍地想同一件事情。

> 与其为失去的东西而落泪，不如为发现新的东西而喝彩。
>
> ——苏菲格言（*Sufi aphorism*）

| 抑郁症的特定诱因 |

抑郁症有很多诱因，例如，女性会在月经期有周期性的情绪低落，觉得忧郁；刚生完孩子的母亲在产后也可能会有低落的情绪（尽管此时本应是开心的时刻）；此外，中年妇女在更年期的初期也会郁郁寡欢、喜怒无常、觉得孤独。

同样，虽然中年男性不经历真正意义上的"更年期"，但他们也会承受由荷尔蒙变化所诱发的忧郁，这是因为，中年男性的睾丸素水平降低、体重增加、毛发减少。另外，在面临重大生活事件时，男性也会变得低落和抑郁，比如分居、离婚、失业、退休、性能力丧失等。事实上，较女性而言，男性的朋友和家庭支持系统都较弱，这往往会使他们在遭遇不好的事情时需要付出更多的努力才能战胜沮丧、抑郁的情绪。

现代生活的一个难题就是：随着物质生活的空前丰富，人们反而前所未有地感到抑郁和不满足（至少在西方国家是这样的）。英国的精神健康慈善机构 MIND 预计，约有 1/10 的英国成年人有着不同程度的抑郁症。其中，近 1/20 的人患有重度、典型的精神疾病，即"临床抑郁症"。尽管这些数据令人担忧，但它至少意味着当你情绪低落或患有抑郁症时，你不是在孤军奋战。

可喜的是，有力证据表明，认知行为疗法能够有效地治疗抑郁症及其他的相关症状。因此，请振作起来，要相信那些起初看起来不容易处理的事情也一定会慢慢解决的。学会驾驭情绪的过山车是我们生活的一部分。当发现自己有重度的抑郁情绪且这种抑郁持续一到两周以上时，我们就必须要采取行动了。

| 抑郁症与焦虑的关系 |

在前面的章节中，我们曾提到焦虑（以及其他与恐惧有关的体验）能够引起抑郁。同样，抑郁的情绪，即使是短暂的抑郁，也能够引起焦虑。因此，抑郁与焦虑就是一对共生体，如多年的老友一般如影随形。

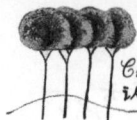

| 抑郁症的症状 |

　　每个人都是不同的，抑郁症也因诱因的不同而有许多不同的形式。你可能仅仅是觉得情绪低落或感觉厌烦，也可能比这还要严重点儿。如果你由于某些原因患上抑郁症，在你未完全意识到这一点之前，会有一些普遍症状出现。

　　花一点儿时间，看看下面的症状——你目前有这些方面的症状吗？或者在过去你是否有过下面的症状和感觉？请写下你的答案。

自我测试

抑郁症的症状

- 易早醒，睡眠多或难以入睡，或总想睡觉
- 早醒，并且难以再次入眠
- 不按时进食，体重下降
- 没来由地哭泣
- 觉得疲惫、没有生机，什么事都不愿做
- 用物质生活麻痹自己，如沉溺于酒精、烟草、（合法或非法的）药物、色情刊物、网络、电视等
- 感觉焦虑不安，难以集中精神
- 记不住事情，健忘
- 没有原因的身体疼痛，如腿疼、头痛等
- 麻木、沉重、绝望

- 对性失去兴趣（缺少性欲）

- 难以作出决定

- 感觉很无助，总是沉浸在负面想法（错误想法）中

- 缺乏自信和自尊，没有积极的观点

- 疏远他人，难以寻求帮助

- 感觉前途渺茫，没有未来

- 有自我伤害的冲动和行为

- 责备自己，有负罪感或喜欢责备他人、嫉妒别人

- 多数时候忍耐性低，易怒，脾气坏

- 不再能从曾经觉得高兴的事情中感到欢乐

- 不切实际地、冷漠地生活在自己的幻想中

- 有自杀倾向

改编自迈德（Mind）的《了解抑郁症的表现》（*Understanding Depression Booklet*）

改变测试

你需要帮助吗？

上述症状你有几个呢？如果存在四到五个上述症状的话，你就需要帮助了——哪怕只是向搭档或好友倾诉一下自己的感受也是十分必要的；而如果你有多于五个的症状，并且这些症状已持续一段时间（两三个星期以上），那么就必须要去找医生进行治疗了。

如果你有很多上述症状，并且它们已经持续了一段时间，

还在不断加强，那么你就必须尽快寻求帮助，因为抑郁症在还没有适应之前的萌芽阶段是能够被阻止的。而一旦经过长时间的适应后，抑郁症就会变得牢固，那时再想转变它是非常困难的（尽管不是完全不可能的）。

很显然，上面是一个很长的抑郁症症状清单，你可能曾经出现过或者现在正经历着上述的一些症状。当你看到这个清单时你可能会觉得惊慌，甚至会觉得害怕，其实大可不必为此担心，也不用难为情。毕竟，那只是我们的感觉和情绪。

请切记，我们是人，所有的感觉和情绪都是人的一部分。的确，感到无助时，自助是很困难的，然而，要想战胜抑郁症，自助非常重要！

| 典型的抑郁症消极想法 |

低落、抑郁的人，往往会用一种狭隘、混乱、消极的方式思考问题。这就如同那一片"小黑雨云"已经进入你的世界，正盘旋在你的头顶，准备与你如影随形。与情绪相关的典型的抑郁症消极思维有如下几种。

关于自己

◎ "我真没用，我的存在就是浪费空间。"
◎ "我一点儿也不可爱，总是令人讨厌。"
◎ "我完了，我的生命就要结束了。"
◎ "我跟别人不同，这里不适合我。"

关于他人

◎ "每个人都只为自己着想。"

◎ "没有人真正关心我。"

◎ "我讨厌别人，我看不起他们。"

关于生活 / 关于未来

◎ "无论如何，人总会死的。"

◎ "未来？未来是什么。"

◎ "世界很危险——世界被那些自私的人控制了。"

关于抑郁症的思维误区

这些消极思维必然会导致我们在第 4 章中曾讲到的极端 "思维误区"，例如 "宣扬灾难" "黑白思维" "心理过滤" "个人化归因" 及 "笼统概括" 等。问题的关键在于，一旦这些思维误区占据了主导地位，其他的消极思想就会随之而来，并产生更多的消极思想，形成一个不断加剧的恶性循环。

| 活动安排 |

很多原因会让人们觉得抑郁、情绪低落，但总的来说，这要归结为人们的核心信念，例如：

◎ 无价值（"我不配得到任何东西"）；

◎ 绝望（"有什么意义呢"）；

◎ 死气沉沉、冷漠（"别人不应该打扰我"）；

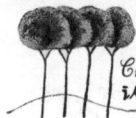

◎ 悲观（"我懒惰，我不能胜任任何工作"）；

◎ 自责（"都是我的错"）；

◎ 自我批评（"我没用"）。

认知行为疗法的一个可靠、有效的方法就是帮助人们从消极的思维中抽身。即使一个微小的开始也是好的。认知行为疗法鼓励人们陈述自己一周的生活，甚至要精确到小时，它让人们在每小时结束时写下自己在这段时间中所做的事情，哪怕仅仅是一些日常生活中的琐事，如泡茶、喂鸟、扔垃圾、到街角小店闲逛、洗头发等，最重要的是要在每次行动后称赞自己，因为在情绪低落的时候，这些行为都像攀登珠穆朗玛峰一样不容易。因此，写下你的行动是战胜抑郁情绪的第一步。

案例手记

梅勒妮，35岁，单身女性，在一家连锁店工作，总是觉得自己一事无成。最近公司进行清算，她失业了，她觉得对自己来说重新找个工作是件很困难的事情。因此，这段时间，她总是躺在床上看电视，晚上的时候就开车出去兜圈，她不愿意见人。最终，梅勒妮因为长期感冒去看医生，医生怀疑她得了抑郁症，建议她尝试着每天做一些事情以便让自己尽快恢复正常。

起初，梅勒妮很不情愿，后来，她开始记录自己的行动时间表，并渐渐开始从低落情绪的漩涡底部抽身。每当做完一件事，她就记下来，甚至像洗澡、浇花这样的生活小事也不漏掉。在一天即将结束的时候，她会阅读这张表格，慢慢地，她发现其实自己并不是如她以前所想的那样无所事事。这样持续一个月后，梅勒妮发现自己变得强大了，能够鼓起勇气去找工作了。

从上述梅勒妮的事例中我们可以看出，其实我们并不是每天什么都没做。事实上，我们的一天是由那些以前你觉得不重要而不放在心上的各种行动堆积起来的。因此，从现在起你可以开始计划一下自己的生活，做一些让自己开心并且喜欢的事情，也可以做一些以前觉得没时间做或不值得做的事情。

你的周行动日程表

为了更好地与抑郁症做斗争，你必须填写自己的行动日程表，在每小时结束时，写下自己在这段时间所做的事情。可以在如表 8-1 所示的表格中标注上 "P"（愉快的事）和 "A"（完成的事）。喝茶、散步、打扫抽屉等都可以是 "P"；"A" 则指那些对自己来说比较困难的事情，如打电话、打扫厨房等。坚持这样做，最终你会受益匪浅，从中你能够看到自己是怎样利用时间的，了解自己是怎样完成那些开心的和困难的事情的。

表 8-1　一周的行动日程表　（P= 愉快的事，　A= 完成的事）

时间	星期一	星期二	星期三	星期四	星期五	星期六	星期日
上午 6:00—7:00							
上午 7:00—8:00	起床、吃早餐、喂猫（A）						
上午 8:00—9:00	送孩子上学（A）						
上午 9:00—10:00	去上班（A）						

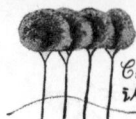

（续表）

时间	星期一	星期二	星期三	星期四	星期五	星期六	星期日
上午 10:00—11:00							
上午 11:00—12:00	看牙医（A）						
上午 12:00—下午 1:00	吃午饭（A/P）						
下午 1:00—2:00							
下午 2:00—3:00	接孩子（A）						
下午 3:00—4:00	晒衣服（A）						
下午 4:00—5:00	泡茶（A）						
下午 5:00—6:00							
下午 6:00—晚上 7:00	哄孩子睡觉（A）						
晚上 7:00—9:00	跟朋友看电影（P）						
晚上 9:00—10:00	泡吧、喝东西（P）						
晚上 10:00—11:00	上床睡觉						

（续表）

时间	星期一	星期二	星期三	星期四	星期五	星期六	星期日
晚上 11:00— 12:00							
晚上 12:00— 1:00							

| 了解抑郁症 |

即使不清楚抑郁症的起源，人们也能够生活，因此本节只是介绍一些可能引发抑郁症的起因。当然，每个人的情况都不同，都具有独特性，因此每个患者都有自己特殊的发病原因，一些特殊事件的诱导也会引发抑郁症。对于很多人而言，抑郁症的发病原因在于童年时的经历。

童年经历："抑郁症的诱因"

毫无疑问，一个童年就很坚强、固执的人，成年后往往不容易开心，不容易放松自己。虽然认知行为疗法对来访者的过去不感兴趣（它强调的是关注当下），但有一点是不言而喻的，即我们的麻烦和困难越是久远，它们就越是根深蒂固地渗透到我们的负性思维模式中。

认知行为疗法的创始人之一——贝克，认为多数成年抑郁症患者发病的先兆都是由于成年生活中的一些特殊事件唤起了他们从童年起就深埋的负面感情，从而不受约束地进行自我发泄。例如，一个婚姻破裂的人可能会因此想起一些童年时的缺失，例如

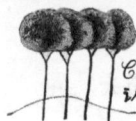

小时候失去父母的情形。

贝克认为，像离婚这样重大的生活事件本身并不足以成为抑郁症的诱因，除非还有一些其他的原因使患者变得更加敏感、脆弱、易受伤。这在某种程度上就能够解释为什么两个经历同样生活事件的人，却有着截然不同的反应。

> 弗雷德的妻子有了外遇，他们离婚了。因此，弗雷德开始酗酒、自我逃避，不知不觉陷入到了抑郁的情绪中（在他很小的时候他的母亲就去世了，从此他就有深深的被抛弃感）。他发誓自己再也不会爱别人了。

> 乔治的妻子有了外遇，他们离婚了。乔治说"我当然也很难过，但日子总要继续"（他跟自己的母亲和前妻仍然保持着良好的关系），他参加了一个跳伞俱乐部，结交了新朋友，并希望自己能尽快开始另一段新的感情。

在怎样对待离婚这件事情上，两个不同的人做出了两种截然不同的反应。弗雷德由于小时候遗留下来的那种缺失感、被抛弃感再次被唤起，而陷入到了抑郁、绝望中；而乔治虽然也伤心难过，但他能够将生活继续向前推进。

- - - - - - - - - - - - ███ 自我测试 ███ - - - - - - - - -

你的生活

回忆一下，在你的童年或过去的事件和经历中，是否存在一些问题使你在当前的生活中比较敏感和容易受伤？

- -

贝克的抑郁症模型

下面介绍贝克的抑郁症模型，如图 8-1 所示。

1. 早年经验使一些人形成了诸如"没人喜欢我""我没有用"等这样不合理的功能失调性假设和不合理的核心信念。

2. 成年后，经历了一个"诱发事件"，激起了潜在的不合理的功能失调性假设和不合理的核心信念。

3. 这些不合理的功能失调性假设反过来又形成了大量的负性思维，这些

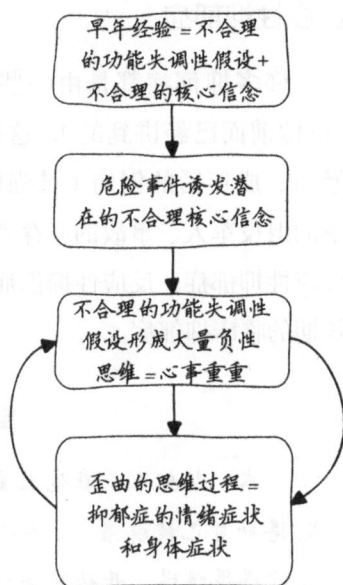

图8-1　贝克的抑郁症模型

负性思维充斥你的脑海，因此你变得心事重重，会有诸如"我很孤独""我的生活没有意义""没人关心我""我不想看到任何人""我不可爱"等想法。

4. 你会经历：

（1）歪曲的思维过程；

（2）抑郁症的情绪症状和身体症状。

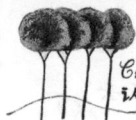

| 抑郁症的主要类型 |

抑郁症是一个通用的术语，它可以分为以下几种类型。

反应性抑郁症

许多抑郁症都是由一些过去没有解决的生活事件所诱发的（就像前面已经讲到的），这些生活事件包括童年遭受的虐待、性暴力、成年后的创伤（被强奸、遭到攻击）等。此外，经历过战争的退役军人、事故的幸存者、遭遇过灾难或车祸的人，也容易患反应性抑郁症。反应性抑郁症只要能够尽快就诊，就不会发展成为长期的临床抑郁症。

案例手记

本，经纪人，在伦敦商业区工作了 30 多年。在一次午餐时得知自己被解雇了。他几乎是被四脚朝天地抬出写字楼的，他觉得很难堪，开始沉溺于酒吧。一个月以来，他都没有告诉家人自己失业了，仍假装自己还在工作，每天都按时出门，然后去喝酒，到下班时间再回家。直到他坦言自己患了抑郁症，一连数月躲在家中。虽然本的妻子威胁说，如果他不去看医生，她就离开这个家，但要想彻底治愈本的抑郁症，只有一个办法，即让本回到公司。

产后抑郁症

许多新妈妈会患上产后抑郁症，产后抑郁症通常在生产两周后发病，这与生产后荷尔蒙的降低和变化息息相关。不过，有些产后抑郁症也可能会持续两年，甚至更久，尤其在未及时确诊和未接受治疗的情况下。

双相情感障碍（躁郁症）

这种情绪障碍以情绪的摇摆为主。它经历两个阶段，一个是狂躁阶段的情绪高涨，然后就会突然进入抑郁阶段，变得低落。患者会发现自己突然 "功能性" 地情绪高涨，又瞬间变得低落、疲惫。双相情感障碍可能会因为生理上的失衡产生，也可能是通过遗传获得的。

季节性情感障碍

季节性情感障碍（Seasonal Affective Disorder，SAD）是首先在英国得到认可的，患者在 9 月份阳光渐渐变弱时开始觉得低落，一直持续整个冬天。他们发现自己很难在没有自然光的地方生存（自然光能够增加大脑的血清素水平），要是没有光的话，他们更愿意待在床上、躲在羽绒被下避寒，直到春天来临。

季节性情感障碍还与维生素 D 的形成过程有关——因此，一天接受 20 分钟的光照，对下丘脑非常重要。仅仅是到花园里散散步或是到商店里逛一逛都能刺激大脑接受光照。也可以在办公室里放一个灯箱帮助自己提高血清素和维生素水平。

临床抑郁症

临床抑郁症是一种持续时间长且根深蒂固的抑郁症。之所以

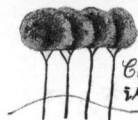

称之为"临床"，是因为医生们根据一份已确定的症状列表来确定抑郁症的种类及严重程度。

| 打消自杀的念头 |

当事情变得很糟糕时，抑郁症患者可能会产生绝望的自杀念头。这种念头可能是突然闪现的"结束自己生命"的欲望，也可能是一种不问后果鲁莽行事的冲动。我们已经在第 7 章中讲到，抑郁症患者可能会有一些想要伤害自己的强迫思维和强迫行为，比如自残、逃避自我、自我毁灭等。

如果你有过或现在正有这种自杀念头，下面几点将是非常重要的，你要记住。

◎ 这种情绪、感觉以及这样的时刻总会过去的——不管此时是多么的强烈和绝望，一切总会过去。

◎ 世界上即使没有数万人，少说也有上千人每天在和你经历同样的事情。这虽然不能消除你的痛苦，但起码在你一次次陷入黑暗的深渊时，让你知道你并不是在孤军作战。

◎ 失眠、病痛、重大打击（如亲人的离开、失业、丢钱、患有癌症等）都有可能使你产生自杀的念头。这时，你需要做的就是按照本章所讲的内容，好好休息、吃点有营养的食物，并且进行一些锻炼和放松练习。总有一天你会获得一个看待生活的全新视角，它将把你的生活向前推进。

◎ 当有自杀念头时，你可以通过向他人倾诉等途径将此刻的能量释放掉，也可以打电话给志愿者热线。

◎ 如果你正有自杀的念头，可以拨打紧急电话，或到急诊室看医生，也可以向自己的好朋友寻求帮助，总之做一些事情控制住自我伤害的冲动。

◎ 加入一个互助性小组或找一个心理咨询师。

| 理解并克服抑郁症 |

抑郁症总是会让人们觉得不知所措、无助、难以承受以及无法应对。试着把事情划分成小块的、可控的任务一步一步去完成，只有这样你的生活才能不断向前。

确定问题

如果你此刻有抑郁的感觉，或者已经意识到自己比较容易产生抑郁情绪，那么就需要集中精神仔细想一想悲观情绪的主要来源了。尝试着有意识地注意一下自己的抑郁情绪发作的诱因，从下面的列表中找出三个对你而言最常见的诱因。

◎ 社会关系；

◎ 工作或事业；

◎ 被解雇；

◎ 性生活；

◎ 孩子（不管你有没有孩子）；

◎ 身体健康状况；

◎ 资金问题；

◎ 住房；

◎ 大环境；

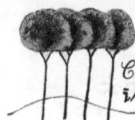

◎ 教育和前途；

◎ 大家庭；

◎ 未来。

如果最近你的抑郁症发作过，那么请继续回答下列问题。

◎ 你以前这样过吗？

◎ 如果曾经有过，当时你是怎么处理的呢？

◎ 为解决这个问题，你向谁寻求过帮助？

◎ 你是否跟某人说过这件事？你还会再次这样做吗？

◎ 设想一下，你的好朋友、你的妈妈，会建议你怎样应对
　　它呢？

注意你的回答。你是否现在（此时此地）就能找到适合自己的解决方案呢？它能够帮助你把生活向前推进、让你远离孤独感吗？试着跟某人进行交谈，向朋友、亲人寻求帮助，做些实际的事情让自己变得更好，这些都是很有用的。

解决问题

抑郁情绪往往伴随着绝望、无助的感觉，因此，彻底地解决这种绝望、无助感是非常重要的。尝试着建设性地发现至少三个解决问题的方法，这些问题可以是金钱问题、照顾孩子的问题，或者是搬家、找工作等。不管是什么问题，一旦你能够将事情分解成小块，并且一步一步地去处理它们，就会感觉很好，因为此时你会觉得一切都在掌控之中。

下面所列的条目是人们在情绪低落时很容易产生的一些想法，它会让人们觉得自己"很没用、可有可无"，并把你拖进非常困难的境地。

◎ 没有钱、没有遗产、没有存款；

◎ 没有孩子；

◎ 没有小汽车；

◎ 不漂亮；

◎ 有缺陷；

◎ 不出名、不聪明。

取而代之，你应把精神集中在 "你是什么样的人" 和 "你能做的事情" 上。想一想自己所具有的优秀品质、自己能够完成的事情和喜欢你的人，把这些列成一个表格，放在你的冰箱上，或记在你的日记里。

| 抑郁症的维持过程 |

正如我们在前面章节中讲到的，认知行为疗法认为人们通过无益的 "防御行为" 维持着自己的消极情绪。抑郁症也是一样的——因此如果人们有低落的感觉，就会把自己藏起来，不跟朋友接触，这反过来又加重了他们的抑郁感和孤独感。

贝克把这叫做 "维持过程"。如果想要改变自己的抑郁情绪，过上更好的生活，就必须学会摆脱这种维持过程。

认知行为疗法认为，维持过程就是通过情绪的恶性循环不断维持着人们的坏心情。此时，你会觉得很糟糕，总是有消极的想法，会觉得孤独、难以应对、无法摆脱，反过来，这又都会加剧你的无助、绝望感，你将更加地自我厌恶。这就是一个恶性循环。图 8-2 就是一个典型的维持过程。

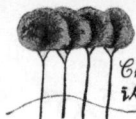

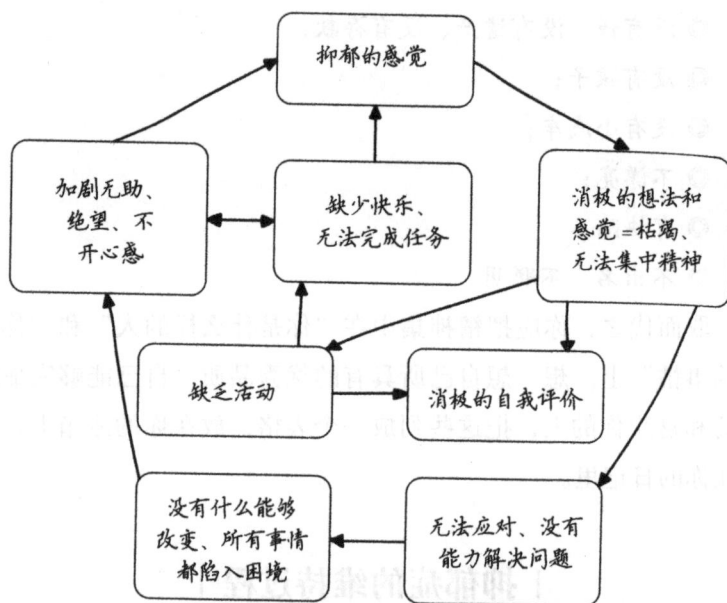

图 8-2　典型的抑郁症维持过程

| 情绪改变 |

　　想要打破抑郁症的恶性循环，改变自己的情绪、思维和行为，就必须做些事情阻止抑郁的维持过程，首先就要努力尝试着改变自己的情绪。

怎样改变情绪呢？

◎ 做些不同的事情（例如，微笑、拥抱、听一听自己喜欢的音乐、穿色彩鲜艳的衣服等）。

◎ 改变你的境况（例如，出去散步、给朋友打电话、打理花园、游泳）。

◎ 时刻提醒自己：一切都很顺利，不管所做的是多么细小的事情。

◎ 好好招待自己，不管是什么形式。

◎ 保持足够的睡眠——睡眠不足对情绪波动的影响是很大的。

保持记录的习惯并定期查看

使用认知行为疗法记录下自己的思维和行为，要在行动前或有消极想法时随时记下自己的感觉。比如，你想坐在花园里晒晒太阳、喝喝茶，在做之前，你可能会觉得"那无关紧要"（90% 的人会有这样的想法）。但是，做完之后，记下自己的感觉——你可能会觉得"那还不错"（可能 70% 的人会有这样的想法）。

应对抑郁症，必须加快脚步找到一个适合自己的解决方法，这样才能更好地控制那些曾经控制你的感觉。

不论何时，都不要忘记感觉、思维和行为之间的关系。

行动小贴士——复习

1. 分解步骤，把解决方案细化，给自己定一个完成的期限。

2. 实施解决方案。

3. 监控自己在行动时的感觉。

4. 完成时进行庆祝。

5. 记住自己完成任务了，虽然当时可能感觉不太好。

6. 在自己的日记本、记事本或电脑上记下自己成功地完成了这件事（甚至可以打电话告诉自己的朋友），因此下次

行动时你便可以提醒自己：我以前做过什么事，并且成功了。

| 让自己充满活力 |

1. 完成自己每周的行动时间表，尤其是在失业、刚出院和丧亲的时候。
2. 把一天分解成数小时，然后在每小时中都给自己树立一个目标，包括做运动、进行放松练习、冥想、呼吸新鲜空气等。
3. 不管你喜欢还是不喜欢，都要坚持去做。不要让自己待在床上睡觉、在电视机前发呆或在浴室一坐几个小时——所有这些对你战胜抑郁症都是不利的，它们会加剧你的抑郁情绪。
4. 尝试着不要让自己沉溺在酒精等成瘾物质中，以寻求解脱，这些成瘾物质会伤害你。

| 心理疗法还是药物治疗 |

我们都认为一个人患了抑郁症就应该去看医生，或者使用一些药物。但是，自从滚石乐队创造的歌曲《母亲的小帮手》[1]（*Mother's Little Helper*）发行以来，抗抑郁药的使用已经成为人

---

[1] 在《母亲的小帮手》中，一个妇女在家里使用镇静剂来应对现代生活的压力，治疗自己的抑郁症和其他精神疾病。——作者注

们争论的焦点。

许多人害怕自己被贴上"抑郁症"的标签，不愿意不断地服用药物，就像《飞越布谷鸟巢》①（*One Flew Over the Cuckoo's Nest*）中描述的那样。许多人（尤其是男人）害怕被迫使用抗抑郁药，因此不愿意去看医生。人们害怕跟抗抑郁药沾上边，尤其是不愿意被医疗机构认定为"精神病患者"，这对他们是莫大的耻辱。

国家的医疗机构对"抗抑郁药"的使用进行监管和限制是非常重要的。战胜抑郁症最好的方法就是将现代药物的使用与认知行为疗法相结合。药物能够抑制人们虚弱的症状，而认知行为治疗则能够帮助患者实施行动。

切记：认知行为疗法能够立刻生效，大约六周后人们就能够感觉到明显的变化，甚至在一些类似于抑郁症的方面会有所转变。

在使用认知行为疗法的同时，须对药物辅助治疗进行仔细的监控，这样能够为患者提供足够的喘息时间，尤其是在治疗由诸如交通事故、地震、丧亲等创伤所引起的抑郁症时。此外，在遭遇一些特殊的、可识别性的事件（如离婚、强奸）后，认知行为疗法也是非常必要的，在这种情况下为了孩子或生活必须保持坚强。

不过，关于药物使用的任何决定都必须跟你的医生和治疗师进行商议，不能不遵医嘱、自我治疗，更不能未经专业人士的同

---

① 《飞越布谷鸟巢》是肯·克西（Ken Kesey）创作的一部具有独创性的小说，因 19 世纪 70 年代被改编成电影《飞越疯人院》而成名。——作者注

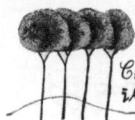

意就擅自停止用药。

替代疗法

如果你足够坚强、勇敢，不想使用药物治疗，那么可以尝试使用一些替代疗法治疗抑郁症。贯叶连翘、针灸治疗、芳香疗法、顺势疗法、巴赫花精疗法等其他替代疗法，都已应用于低落情绪和抑郁症的治疗中。

这些疗法主要是调动我们身体的资源来维持身体健康，比如，它们有助于产生内啡肽（一种让人感觉很好的荷尔蒙），可以提高 5- 羟色胺及其他生化物质的兴奋作用等。它们可以与认知行为疗法一起使用，这样是非常安全、有用的。

然而，在使用替代疗法之前必须请你的药剂师或医生进行检查和评估，因为有些替代疗法和你正在使用的其他药物会相互抵触，产生副作用。

> 一旦一个人找到了快乐的要素——简单的爱好、一定的勇气、某种程度的克制、热爱的工作、善良的心，那么，他就会因自己的努力而感到快乐。快乐就不再是虚无的梦想，而是真实的存在。
>
> ——乔治·桑（*George Sand*）

勇往直前

如果你下定决心要战胜抑郁症，就必须给自己一些轻松的时间做到以下几点。

◎ 制定现实的目标。

◎ 友好地对待自己。

◎ 从小事起步。

◎ 每天坚持做练习，哪怕仅仅是散散步。

◎ 坚持记录你的想法。

◎ 一次行动一小步。

另外，当你旧病复发时，不要灰心，要提醒自己"人非圣贤，孰能无过"，每个人都会犯错误，你要做的就是再次开始。也许明天，也许下一秒，你就能驱散自己头上的那一片"小黑雨云"。

------ 生活中的认知行为疗法工具箱 ------

工具 1：制订计划，并坚定改变自我的决心。

工具 2：了解自己的世界观以及如何运用它。

工具 3：发现并记录自己的消极想法。

工具 4：找到并消除自己的思维误区。

工具 5：澄清问题并进行测试。

工具 6：重新考虑一下自己的决定，并有改变自我的决心。

工具 7：战胜自身的焦虑症、恐惧症、心理创伤、强迫症和成瘾行为。

工具 8：驱散头顶的"小黑雨云"。

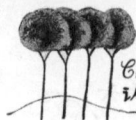

小练习

　　如果你有抑郁症或是感觉情绪低落，那么从下周起开始填写行动记录表。认真填写行动记录表，记下自己思维和感觉的每一个转变，并记下自己高涨的情绪。根据自己的记录和表格找到一个适合自己的治疗方法。

　　促使抑郁症形成的最主要的情感是气愤，愤怒就如同喷火的巨龙一般，吞噬一切，我们要尽力避免这种情绪。

CHANGE YOUR LIFE with

CBT

第9章
学会控制愤怒

世界上唯一的恶魔就潜藏在我们心里，那是我们唯一的战场。

——圣雄甘地（*Mahatma Gandhi*）

你是那种面对一点挑衅就会怒不可遏的人吗？在面对挑衅时，你会不经思考就破口大骂或者大打出手吗？你会在跟别人争论的时候翻旧账吗？如果你是一个易怒的人，那么你需要寻找一种方法，让自己变得更加平静和坦然。了解愤怒的根源，更深入地了解自己和愤怒，运用认知行为疗法化解愤怒，学会控制自己的愤怒。让自己变得坚强，拒绝软弱！

我住在伦敦的街头,这里是一条"老鼠街"(窄道),每天都有很多车辆从这里拥挤着前行。有的司机脸上带着放肆的愤怒和沮丧,透过车窗红着脸破口大骂其他司机。路霸事件能发展到不可收拾的地步,并且有时会逐步升级,不仅会引起让人厌烦的吵架,甚至会演变成拳脚相加。在光天化日之下,街头暴力事件随处可见。

在我看来,人们几乎都是在借所谓的"理由"向别人大骂脏话,借以释放他们生活中压抑已久的沮丧和愤怒,包括他们所不能控制的刺激和挫败、工作压力、经济困扰、情感纠葛、家庭需求和健康问题等。

| 愤怒的目的 |

当然,与恐惧一样,愤怒也有目标指向。它是生命中的一种主要情绪,也是一种巨大的力量。这在很大程度上与我们作为人类的生存需要和欲望有关。面对威胁,我们的反应无非是"战斗、逃跑或木僵",我们的愤怒作为其中一部分也是天生的。但我始终认为愤怒和恐惧是相同情感的不同面,就像是硬币的两面。在愤怒中掺杂着很多恐惧、焦虑,甚至悲痛,虽然它是一种与生存有关的情感,但是如果不妥善处理,它会成为一种破坏性的力量。

我们听到社会上越来越多关于愤怒失控的报道,也听到很多令人痛心的事情,比如欺凌、骚扰、抢劫、刺伤、战争和虐待儿童。这些都是报纸上残忍的新闻。

但问题是:现在的我们比旧时代生活在恶劣环境下的人

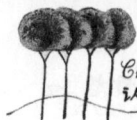

们更加愤怒吗？现在，我们会更多地用一种肆无忌惮的极端方式来表达我们的情绪吗？再深入考虑一下，我们不断增长的成瘾行为和滥用对精神有特殊作用的物质是否会导致我们变得容易愤怒？难道伴随着越来越大的压力、困扰和一些过度刺激，我们变得更冲动了？甚至在这些困扰交织的时候会变得突然"亢奋"？或者我们只是引发了潜在的愤怒情绪？

认知行为疗法与愤怒

幸运的是，经证实，认知行为疗法对处理愤怒非常有效。正如我们在本书中所看到的，认知行为疗法让你学着觉察你的消极想法，探寻你的思维误区，进而改变你的行为。要想应对愤怒，找到愤怒的导火索和愤怒的想法是非常重要的。事实上，你甚至可以在你的消极想法变成任何行为之前将它们发泄出来。愤怒是比焦虑和恐惧更加自主、直观的反应。在深思熟虑后，你就会停止那些下意识的、破坏性的行为——换句话说，你必须想办法阻止这些行为发生。

案例手记

有一天，我带着女儿和一群朋友去听一场美妙的音乐会，夜晚回家乘地铁时，一个喝得烂醉的人在自动扶梯下面开始朝我们大喊："嘿，这么晚了你们吵什么？"我转过身，很是惊讶。我看着他，马上明白他想打架。"你敢和我动手吗？你是个杂种。"他威胁地说道，此时的我已经有些失控，为了维护自己的尊严想要骂回去。但是，当他东倒西歪大步向我走来的前一秒，我忍住了。

我们没有交战，我只是快速地走上自动扶梯。幸运的是，那个男人失去了兴趣，摇摇晃晃地退到了平台上，咕哝着骂自己。我对这样的侵扰感到害怕和愤怒，但是三思而后行，我意识到应对这种情况的最好方法就是避免正面冲突。否则情况会更加失控，谁也不知道接下来会发生什么。

面对他人的愤怒，你会有什么反应呢？我们不妨通过表 9-1 来看一下。

表 9-1　对愤怒的反应

你的愤怒反应		
触发	回应	
有人冲你大喊大叫	你也冲他大喊大叫或者和他打架	
认知行为疗法帮助下对愤怒的反应		
触发	认知	回应
有人冲你大喊大叫	你认真思考，然后选择	你可以选择对骂或者离开

认知行为疗法会就你对愤怒的回应提供不同的选择。这里最关键的是在事情发生和你作出回应之间给你思考的空间让你能够控制事态的发展。它能让你在激动的情况下为自己和他人作出最好的选择，让你不至于因愤怒而失去理智。

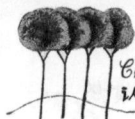

愤怒的诱因

先停下来想一想是什么引发了你的愤怒。

- 你是否注意到是什么让你生气、恼怒，或者真正愤怒？可能是细小的事情，比如，有人没有盖好牙膏盖，有人在超市打他们的孩子或者乱扔垃圾；也有可能是一些重大事件，如政府削减开支。

- 记下这些引发你愤怒情绪的事情，并且将愤怒的程度记录下来。试着使用下列词汇描述。

我的愤怒诱因：

恼火/发怒的、很恼火/很气愤、生气的、愤怒的、狂怒的。

| 健康与不健康的愤怒 |

一般来说，愤怒可以分为健康的愤怒和不健康的愤怒两种类型。概括地说，愤怒的健康与否取决于愤怒的目的、类型和结果是正面的还是负面的。

健康的愤怒 = 积极的愤怒

健康的愤怒具有下述特点。

◎ 是一种合乎情境的愤怒反应。

◎ 有助于在遇到困难和挑战时产生积极的结果，但可能导致你过分自信。

◎ 使你在困难时有效地调节自己。

◎ 是能够得到表达的，但不从众。

◎ 帮助你改正错误。

◎ 它非常灵活，不阻止你思考。

◎ 并不妨碍你倾听别人。

◎ 不会使你立即完全失控。

◎ 使你懂得事情背后的原因可能与你想的无关。

不健康的愤怒 = 消极的愤怒

不健康的愤怒具有下述特点。

◎ 是一种不合乎情境的反应。

◎ 在遇到困难和挑战的情况下导致负面结果。

◎ 会使你在情况危急时难以保护自己——可能会使你带有攻击性。

◎ 会有从众行为。

◎ 妨碍你纠正错误。

◎ 它死板、苛刻、不灵活，妨碍你思考。

◎ 妨碍你倾听别人。

◎ 能够让你瞬间失控，并且失去兴趣。

◎ 可能会使你生闷气或策划报复，并可能会在很长一段时间内恶化。

◎ 使你不懂或者不相信事物背后的原因与你无关（固执的）。

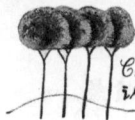

真实性测试

愤怒时的身体症状

因为在我们真的能够感知愤怒之前，我们的身体就已经对愤怒作出了反应。所以当你一感到愤怒时，就试着觉察自己的生理变化是很重要的。每个人都是不同的，你可能多少都会意识到自己的特别反应。试着注意你的反应，其中可能包括下述症状。

● 心跳加速或者心悸。

● 头脑发胀。

● 感觉危险（红色预警）和紧张。

● 紧张地发抖。

● 咬牙切齿。

● 紧握拳头，全身肌肉紧绷。

● 力量充沛，想要踢打物品。

● 怒视某人。

● 头晕、头痛、头嗡嗡作响。

● 要么站直，要么蹲下准备进攻。

● 硝烟味弥漫。

● 感觉头就要爆炸了。

● 想要踹门或者砸东西。

● 想要加速做某事。

什么引发了你的愤怒

你可以辨识这些症状吗？当你生气时，你又会如何表现呢？

> 我对朋友生气，说出来之后，怨恨销声匿迹；我对宿敌生气，憋着不说，怨恨不断累积。
>
> ——威廉·布莱克（*William Blake*）

| 自信与挑衅 |

消弭愤怒的有效方式是分清自信和挑衅的区别。前者较后者更有益于身心健康，这也正是我们的目标所在。

自信

◎ 它意味着要学会保护自己，捍卫自己的权益。

◎ 它也意味着追求自己想要的，而不是仅仅等着别人来读懂你。

◎ 明确你想做的，明确你想说的。

◎ 不抱怨别人制造了困难，而是为自己的所作所为全权负责。

◎ 等待合适的时机引起别人的注意或者提出自己的要求。

◎ 用"我想如果……"之类的言语替代具有挑衅性的言语。

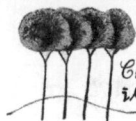

◎ 不去打斗，不表现得粗鲁或者信誓旦旦，尊重的言语往往比大声咆哮更有力量。

挑衅

◎ 未经思考之前，你就已经破口大骂或者大打出手。

◎ 如果你想要某件东西，你就会大喊或者越来越愤怒。例如，在超市，你也许会提高说话的音调，或者在队伍中躁动不安。

◎ 当别人挡在你前面时，你希望他离开你的车道。

◎ 你在与别人谈话时打断或者忽略对方，你可不想和傻瓜打交道。

◎ 如果有人批评你，你会加倍讨回来。

你也许会发现自信和挑衅两者之间有很大的差别。想要变得自信就应做到以下几点。

◎ 学会正确地对待批评，并且接受别人对你说的事实。但这并不意味着你一定要接受他们说的每一句话。

◎ 学会处理你的愤怒。当有人打扰到你时，找个恰当的时间和方式告诉他。不要让你的愤怒蔓延，因为它会累积成巨大的力量和攻击性。

◎ 只说现在。很多争吵愈演愈烈都是因为翻旧账。所以，只说你要说的而不要说其他的事。如果有人提及其他的事情，你可以平静地说："是的，但我正在说的是这件事情，而不是那件。"就事论事，并准备好离开。

◎ 找准时机。不要试图在喝醉、天色已晚、感到疲惫或者正在开车的时候去讨论事情。应该给自己一个平静期，让自己离开并且想一想，可以在花园里做做运动，做一些其他的事或者睡觉。到时候你的愤怒也许会慢慢消退。

◎ 选择自信而非攻击。这意味着对一些事情要学会放手，因为它们不值得你如此动怒。你只需要在有些事情上证明自己就可以了。

◎ 不要总是试图掌握决定权。在争论中你总是感觉决定权很重要吗？掌握决定权能证明自己更胜一筹吗？

> 与其抱怨黑暗，不如点燃蜡烛。
>
> ——中国谚语（*Chinese Proverb*）

| 压抑与爆发 |

不同的治疗方法

如果我们乘坐时光机器回到维多利亚时代，或者20世纪初，我们会发现在英国的文化中存在着大量的压制。人们的很多情感被压抑着，就算是表现出愤怒的表情也被认为是不得体的行为之一。当然，你压抑愤怒的程度也取决于你的社会阶层、年龄、种族和性别。

人们一般认为妇女发怒以及中产阶级或者上流社会随意表露自己的感情是"不得体"的。在某种程度上，我们依然需要压抑我们的愤怒情绪，这些努力能够帮助我们控制或压抑真实的情绪。女性发怒比起男性发怒更加糟糕。女性发怒或者大打出手更容易

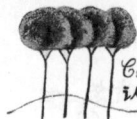

引起人们的反感。

然而，很多数据表明，经常压抑愤怒会影响身体健康，尤其是呼吸系统和心血管系统。也有人认为癌症与被压抑的愤怒有关。愤怒感会导致胃和消化系统的问题，引起偏头痛，并影响睡眠和健康状况。因此，仅仅以压抑来处理愤怒情绪是一种不健康的、消极的方式。

释放出来

20世纪60年代，嬉皮士时代的"无为而治"昭示着维多利亚时代压抑生活和爱德华时代严苛生活的结束。在20世纪五六十年代后期，人们对镇压的反应使得他们真正想要不拘礼节、自由自在地生活。很多新兴的"新时代"运动等都起源于诸如"尖叫疗法"之类的疗法。心理互助小组也源于消除情感压抑的需要。

因此，在情绪释放疗法（getting-it-off-your-chest-peer-type）中有很多诸如呼喊、激动地表达感情、猛捶枕头或者尖叫的方法。这些方法都有利于情绪的释放。但是，现在许多心理学家认为，这些疗法还远远不够，一个有力可行的认知行为疗法应该要结合认知行为和心理。这些治疗往往强调短期效果而非长期改变。

问题是，一旦情感被释放，我们又该如何处理呢？这就像感情魔鬼被放出了瓶子。一个好办法就是运用认知行为疗法，它重视感觉的力量，并且关注我们的感觉，但又不仅仅是简单的关注，如此便既不会压抑也不会放纵我们的情感。

> 紫藤的枝条虽然柔软但很强壮，松树虽然粗壮但却很容易被薄雪折断。
>
> ——郡克依（Master Jukyu）

| 了解愤怒的根源 |

你的童年

对于很多人来说，愤怒的根源往往是未解决的童年问题。当你很生气的时候，你的负性思维会受无力感、压抑感、公平的或者不公平的歧视想法的影响。你可能有着特殊的经历，比如被虐待或者袭击、家庭破碎、兄弟姐妹争宠或者成瘾，这些经历仍然会影响你的成年生活。

你可能重复以下的负性思维：

◎ "总有一天我会报仇的"；

◎ "这不公平，每个人都在找我的茬儿"；

◎ "每个人都不尊重我"；

◎ "每个人都忽视我"。

消极的核心信念

生长在一个不安全的、混乱的家庭中，有着失职的父母，等等，这些都可能会使你形成消极的核心信念。儿童有一定的自恋情节，这也是他们生存的需要。然而，任何一个在孩童时受过家

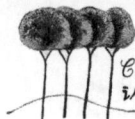

庭伤害或者心理和生理需要未能得到满足的孩子在成人之后都会更加自恋。这可能会导致很多的思维误区，如极端个性化、思想固执，以及我们之前所提到过的所有情况。反之，这些都会引发更大的愤怒。

> 一个黏土罐如果一直放置一旁不做加工就永远是一个黏土罐，只有经过炉火的灼烧才能成为瓷器。
>
> ——米德瑞德·怀特·斯蒂维文（*Mildred Witte Stouven*）

| 更深入地了解自己与愤怒 |

你不需要用认知行为疗法来分析你自己，但是更多地了解你过去的苦恼有助于你更好地处理自己的愤怒。

童年愤怒的诱因

简单地说，充满愤怒的成人往往都或多或少地经历过以下情况。

早年与母亲或者照顾者分离

这些人在成年后依然感到缺失或者不满，主要是那些被其他人照顾、被收养或者良好的母子关系由于一些原因被严重干扰的人。离婚或者分居导致的家庭破碎也会打破这种依附关系。在他们以后的生活中，有关信任、价值、爱和力量的问题会不断产生，他们也可能出现无助感，成年后可能会很自恋，没有同情心。

案例手记

达利斯在大部分的童年时间里被寄养在不同的家庭。成年后，他对任何的排斥和遗弃都很敏感。所以，当他的最后一任女友离开他时，尽管他认为他很爱她，但是依然会咒骂她，甚至对她大打出手。

边界侵犯

在一些不幸的家庭中，大人打破了孩子的界限——在性、情感和生理方面。如果其中任何一个发生了，那么也就越过了重要的心理界限，这会引发深层次的愤怒。成年后，类似于过去曾被侵犯的情况再次发生很可能会引发其愤怒。背叛、缺乏信任、身体和情感方面的安全问题等也很有可能爆发。

案例手记

黛西很讨厌这样的情况：在等红灯时，有人过来，二话不说就开始清洗你车的前挡风玻璃。这件事情真正引发了她的愤怒。她甚至会发动车去撞清洁工，使之一触即发的是她的愤怒。经过治疗后，她知道了她的愤怒源于童年遭遇，那时叔叔经常触碰她的身体，并对她进行多次性虐待。

成瘾

在酗酒、吸毒、暴力、色情或具有其他成瘾行为的家庭中长大的孩子，成年后很难信任别人。思维误区——"读心术"和"黑

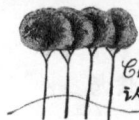

白思维"普遍存在于这种家庭中成长起来的孩子身上。

缺乏安全感也是一个问题。如果孩子在一个不安全或者非常可怕的环境中成长，那么成年后，他就一定要寻求安全感。很多喜欢取悦别人的来访者都有着这样的家庭背景，但是在这种取悦行为的下面都潜藏着愤怒。

案例手记

杰斯总是试图取悦他人，充当受气包。他从小就需要照顾酒鬼妈妈。最近杰斯发现妻子用信用卡消费了数千元，他火冒三丈。她利用了他的慷慨，但是杰斯不知道如何面对她，所以他压抑了自己的怒火独自出去喝酒。他从小看着妈妈用喝酒来解决一切问题，于是他也效仿了。

心理创伤

有些成年人依然没有从他们的童年创伤中恢复。这些创伤可能来自于暴力的父母，背井离乡成为难民，遭遇事故、火灾等一系列的问题。创伤尤其会加剧焦虑和恐惧，但也会引发愤怒（因为愤怒是恐惧的另一面）。成年后，回顾或者再次经历这些创伤就会激发他们的愤怒，因为这些可能会触动他们的神经。

案例手记

当别人跟吉娜生气时，她不知该如何处理。因为她的父亲总是冲她大喊大叫并且打她。在争吵中，她倾向于选择退让，自己生几天闷气。她知道这样做对自己是一种伤害，但是她宁愿做任何事，也不愿和别人争吵，因为她在一生中已经受够了愤怒。

批评，忽视，虐待

生长在一个充满批判、带有攻击性、决策武断的家庭中的孩子，在不断听到父母说他们"不够好"后，孩子们的心中可能会潜藏着被压抑的愤怒。一些有非常严格家教的家庭，或者有很多规则的家庭，可能导致强烈的愤怒。如果一个孩子觉得他们没有权利说出自己的感觉或想法，或被忽略，每次都被压抑，那么在成年后，这会成为一种压抑已久的愤怒。这可能会使他成为一个总是不满、总是愤怒地评判别人或者批评自己的成年人，并且这些人一旦遇到事情就会发怒。

案例手记

伯特从小就学会了隐藏自己的感情，因为他的父亲总是批评他。长大后，伯特是一个彻彻底底的完美主义者，他总是挑别人的漏洞，他总是不满意，总是很急躁。不管是在家中、工作中，还是在街道上，他都很难摆脱这种自以为是的困扰。

过去已成历史

好消息是：过去的已成历史。无论你做什么，你都不可能回到过去或者改变什么，即使一些可怕的童年经历让你想要花一辈子的时间去改写或分析，它也只能代表过去。有些人甚至长年地进行治疗，拼命地想要治愈，因为过去的生活经历令其很消极。

我与朋友、同事和家人在一起的时候看到过很多这样的情况：因为对愤怒不加控制而导致更大的危害。如果你对自己或他人生气，则会导致更大的自我伤害。有人忍受着痛苦，有人采取报复，有人密谋伤害对方的各种手段。所有怀有这些想法的人其实仍然停留在过去，不能完全活在现在。

运用认知行为疗法化解愤怒

如果你真的遇到了上述情况，那么你现在可以重拾信心，振作起来。因为认知行为疗法可以帮助你识别负性思维和导火索，然后制定出化解愤怒情绪、思想和行为的方案。

洞察力

请求宽恕

在你的生活中，有一些事情是在愤怒之下做的，尽管你不希望这些事情发生。也许你无法采取补救措施，但是你可以表明自己在改进，并且明白自己为什么那样做。如果你曾因为报复或怀疑而伤害到对方，那么你现在的改变对他们来说是很有意义的。

你可以试着照着下面的说法做。

● 给被你伤害过的人写一封信（可以寄出也可以不寄出），告诉他你以前为什么那样做，做了什么，并且真诚地说声"对不起"。

● 如果你可以和他们面对面，并且说一声"对不起"，这对他们来说是很重要的。因为你给了他们时间让他们表达被你伤害的感受。尽量不要为自己辩解，试着倾听。

- 练习新的处事方式，告诉人们你在不断地进步。如果你现在因为生某人的气而不理睬他们，那么现在你需要开始改变，尽你所能，时刻保持真诚。

- 如果你曾经犯过罪，也许你可以考虑做些什么来弥补你犯的错误。你可以和受害者面对面，这会对你以后的生活产生重要的影响（更不用说受害者了）。

- 同样，如果你曾经对婚姻或者别人不忠，你需要用一个诚恳的道歉来弥补你造成的伤害。对方也许并没有因此而感觉好受些，也不会像你想象的一样予以回应，但是这可以帮助你弥补你曾造成的伤害。

- 另外，如果你伤害过你的孩子，那么更要尽可能多地弥补你所造成的伤害，这是至关重要的，以免将伤害代代延续下去。

｜学会控制自己的愤怒｜

战胜暴怒

如果你想战胜内心的暴怒（心中有一种遇事随时要爆炸的怒火），那么你需要学习一些方法。

识别你愤怒的诱因

回顾前文我们所讨论的诱因，确保你可以清晰地认识到在生活中很容易使你发怒的事物。这也就是你的危险地带。

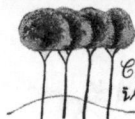

注意你的负性思维

继续保持你的负性思维想法记录，这样你就可以更进一步地确定让你愤怒的东西。如果你发现找到特定的情况很困难，那么保持你的想法记录习惯，这样你就可以掌握更多的情况，并且事前有所准备，也就不会猝不及防了。

注意你的身体反应

因为愤怒可以在你数到十之前就爆发，所以注意你的生理变化，这可以使你在情绪爆发前就觉察到一些迹象。如果你知道你的愤怒一触即发，你可以通过做一些事情予以缓解。如果你的攻击性很容易被触发，那么尝试一下你曾经成功摆脱这种情况的方法。

"从舞台的正确方向退场"

很多时候，相对于留下来大打出手，离开是一个不错的主意。如果你知道自己将要发火，那么在事情还没有发生、恶化、完全失控之前你就要后退。即使你认为良性的争吵会使你更接近你的合作伙伴，或者这能显示出你作为一个女强人的气概，但是用任何形式的暴力来表达你的观点都将是失败的。你要学习离开而不是一味地发怒。

消除怒气

一个消除愤怒的好方法就是用发泄球、足球或者花园里的杂草进行宣泄，或者长跑、长时间散步、来一次畅快淋漓的游泳，或参加一场舞会。通过身体活动来释放所有压抑已久的能量，是一个很好的消除愤怒的方式。即使一次大扫除也可以是一个很好的办法。独自远离愤怒的引爆物，做些事情让自己远离愤怒以免伤害自己或者他人。

避免挑衅

如果有人面对面地向你叫板，在家里冲你大喊大叫，甚至推搡你，那么你应该尝试着离开。遇到可能会变得非常麻烦的事情时，最好选择避开。如果你想学习一些武术或自卫的技巧以应付遇到的任何攻击，那么请确保你使用的招式是为了平息战火，而非伤害袭击者。

应对批评

如果挨训会使你愤怒，那说明你很脆弱。不要在意别人说了什么，并试着忘记它们。你要平息你的反应，因为如果你发火了，事情将变得更糟糕。当你觉得情绪平静下来的时候，找个机会重新讨论这个问题。

学会表达

当人们觉得任何形式都不能很好地表达自己的时候，暴力和攻击行为就容易发生。似乎只有诉诸拳头或其他暴力手段才能表达自己内心的感受。尽可能地用"我"来表述，而不要挑衅。尝试着说出你的感受，这样你可以更加自信，而不是带有攻击性和威胁性。就算大声喊出来，也比诉诸武力要好得多。

学会控制愤怒

某些情况下（比如当你受到威胁时）可能需要你表演一下愤怒。比如，为了教训一群顽皮的少年而提高音量或者叫喊。

此时，你必须确保这种方式的叫喊或自我表现能够起到一定的作用，并能够表达你的意思，但又不是真正意义上的生气。我把它叫做"表演性愤怒"。如果你冲着对你叫喊的人或者虐待你的人假装愤怒一下，他们也许会安静下来或者走开。然而，这样

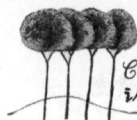

是否会使事情变得更糟还有待讨论。如果你感觉情况会变得更糟，那么就尽可能地远离这种情况。

呼吸

如果你已经学习了一些放松、冥想或专注的技巧，那么当你感到怒火上升时尝试着调整呼吸。由于身体的自主反应，你会感到紧张、肌肉收紧、呼吸急促、心跳加速，所以试着深呼吸，三秒钟吸气、三秒钟呼气，尝试让自己冷静下来，闭上眼睛三十秒，专注于自己的呼吸，这样可以帮助你平复情绪。因为离开了环境的刺激，你才会平静下来。

消除攻击者的怒气

当有人在口头上攻击你时，你可能总是防御，或者遇到身体上的攻击时，你会回击。通过倾听，或者当他们质问你的时候，对他们表示赞同，这可以让自己冷静，也会使他们马上平息下来。如果遇到了身体上的攻击，你不要参与争斗，学习一些自卫的动作可能会派上用场。

拍拍自己的背

如果你能控制自己发脾气，就等于已经成功了一半。如果你觉得自己必须获得认可，或者让自己感到舒服，那么控制自己的脾气是很困难的。但如果你的生活中有很多因愤怒而犯的错误或者令人后悔的事情，那么你应该从此时此刻开始改变。每当你感到要失控时，试着拍拍自己保持平静。要明白，过去的已经过去，当下的情况可能会让你想起以前，但是此一时彼一时。这会使你向处事周全迈进一大步。了解让你愤怒的诱因，了解你的负性思维并实施新的策略，你会平静很多。

仇恨带来心中的冬天。

——维克多 • 雨果（*Victor Hugo*）

| 变得坚强，拒绝软弱 |

◎ 有些人觉得远离争斗是懦弱的表现。其实不然，这反而是强者的表现。

◎ 有些人觉得不反驳是被践踏的表现。其实不然，这实际上是自信的表现。

◎ 有些人觉得没有回答是胆小的表现。其实不然，这是有力量并且充满了理性判断的表现。

坚持自己的立场

熟悉你的愤怒导火索，并保持你的想法记录，找到那些会使你发怒的事物。了解日常生活中自信和攻击的区别，那么你将很好地战胜暴怒。试着用一个积极向上的力量消除你的愤怒。

生活中的认知行为疗法工具箱

工具 1：制订计划，并坚定改变自我的决心。

工具 2：了解自己的世界观以及如何运用它。

工具 3：发现并记录自己的消极想法。

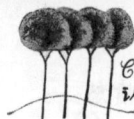

工具 4：找到并消除自己的思维误区。

工具 5：澄清问题并进行测试。

工具 6：重新考虑一下自己的决定，并有改变自我的决心。

工具 7：战胜自身的焦虑症、恐惧症、心理创伤、强迫症和成瘾行为。

工具 8：驱散头顶的"小黑雨云"。

工具 9：消除愤怒。

小练习

"罪恶之花" 训练

制作一张能触发你愤怒的事物清单。

想想最近什么事情使你特别想发脾气，按真实情况填写"罪恶之花"。

第 10 章
打造更好的自己

内省经验表明，消极的情绪是短暂的心理活动，积极的情绪是负面情绪的解毒剂。

——马修·李卡德（*Matthieu Richard*）

你自信吗？你喜欢现在的自己吗？你可以随时调节自己的情绪吗？要想打造更好的自己，首先你需要培养自信心和自尊心。增强自我认同感，树立自尊心，学会承担责任，进行成本收益分析，适时地进行冥想和沉思，走上前进之路，克服所有障碍。你可以的！

英国舰队街的一个退休编辑曾经告诉我一个故事。他说，每年一到谈加薪的时候，那些高级男记者就会到他的办公室，要求将工资提高 10%、送一辆新的越野车等，并明确表示，如果要求不被满足，他们将跳槽到对手公司。与此同时，那些高级女记者则不去他办公室面谈，而是喜欢给他发电子邮件，因为面谈后，女记者通常会很感激地接受涨 5% 的工资。很少人会提出额外的要求，几乎没有人会不断地威胁要"走"。

这两个例子有什么不同（除了明显的性别之分）呢？两个字：信心。那种能够大摇大摆地走进办公室，还能得到重视和高工资的感觉是很美妙的。这不是嚣张或攻击，而是一种心情愉悦的感觉，源于你知道自己擅长什么，并且有资格得到这份报酬。这是一种要求并且期待获得认可。

自我测试

你有多自信

你有多自信呢？有没有在一些情景下，心里充满恐惧却不得不自信满满地走向前？记下生命中你觉得最不自信和最自信的时刻。可能是你为人父母时，可能是你刚刚参加工作时，可能是你教育孩子时，可能是当你或跳舞、或表演、或独处的时刻，又或者是你感到极少的宁静和自信的时刻。

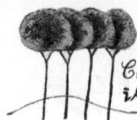

| 如何增强自信心 |

事实上，用认知行为疗法来增强自信心是相对容易的方式。它可以分辨你已经做的事情并在此基础上加以扩展。如果你没有信心驾车，你可以坐在驾驶座上熟悉驾驶的环境。我们知道这本书使用的是典型的暴露疗法，你可以根据自身状况选择几个小实验，你可以先用一种简单的方式，记下你实验前后的想法，并写出你完成任务前后的感觉。

建立自信心意味着：每次你做事的时候，你都会发现自己比想象的更加能干和有才。

这是因为任何潜藏在你内心的消极思想都将削弱你尝试新鲜事物的力量，并且让你只按经验做事。因此，现在你要拒绝那个说"我不能"的声音，而要说"我能"！

案例手记

伊夫最近参加了办公室为增强"团队建设"而开展的拓展训练。其中，挑战之一是她必须戴着绳索顺岩石滑下。伊夫恐高，还担心她的体重，所以在填表格的时候拒绝了这一项目。教练和她的好友陪她聊天，与她一起谈她的恐惧。其实对伊夫而言，高度不是问题，而是她觉得自己太重了，不相信那些绳索设备能够拉得住她。教练演示了如何使用绳索和登山扣，并提供下降的绕绳护着她，她的两个同伴最终促使伊夫鼓起勇气尝试一次。最后，伊夫下降了80米后安全到达地面，她满脸通红，开心地叫道："哇！太棒啦！我成功了！现在我感觉自己无所不能！"

当然，增强自信心意味着你可能要改变你以前消极的思维习惯，因此，放弃"自己是某一类人"的所有想法。这就是改变，是认知行为疗法鼓励你做的事：促使你建立自信心。

| 牢记"改变悖论" |

事实上，没有永远不变的事。生命是不断变化的，我们总是会面临新的挑战，总是需要重新思考如何去应对这些挑战。正如我们在第 1 章中所看到的，只要我们没有真正做出改变，就会想要改变。但一切本就在变化中，各个方面都在变化，这些变化就是用来应对那些出现在我们生活中的挑战的。

| 自我认同 |

"改变悖论"还提出了自我认同的问题。如果你认为自己应该改变（在认知行为疗法中，这意味着要放弃消极的思维模式和思维误区），那么你如何接纳自己？有些人感到焦虑或困扰，或沮丧和愤怒，他们在大部分时间里都不喜欢自己，并且想要立刻改变自己所有的一切。他们因此"非黑即白"，无法看到或接受自己优秀的一面。

有些人担心，如果接纳自己，他们将变得懒惰、自大或自满。这通常只是一种恐惧。所以，认知行为疗法的挑战就是接受自己、喜欢自己、增强自信心——当你失落或不想做事的时候可以自我理解。

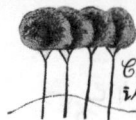

> 我们的想象没有越出我们的能力，只是越出了我们目前所认识的自己。
>
> ——西奥多·罗萨克（*Theodore Roszak*）

树立自尊心

此外，要建立自尊心，你需要改变你的核心信念。如果这些信念大部分是消极的（例如，"我没用""我无依无靠""我不可爱"或"我很邪恶"），那么你需要改变想法直到你树立起新的信念，基于你做到的、感觉到的或是想到的好事情（贝克的"知觉三角模型"，详见第 91 页）。

你需要一个强大的、持续的自信心推动自我认同的建立。只有这样，才能从你的认知行为模式的根源树立正面的自我形象。如果你按照这种方式开始行动和思考，你将有更好的自我感觉。记住，认知行为疗法影响着认知、行为和生理之间的相互作用，并且如同我们的变化和发展一样继续着。

如何提高自尊心、自信心，树立正面的自我形象

1. 自尊心建立绝非一蹴而就的事。认知行为疗法没有及时的补救措施或快速修复功能，然而，越来越多的证据表明，认知行为疗法对一些问题还是非常有效的，如进食障碍、人际关系、心理创伤、抑郁、焦虑和其他方面的问题。

2. 关注发生的积极的事情，并在其基础上建立自信心将帮助你向前迈进。举例来说，如果你有"社交恐惧症"，当你的恐惧

程度达到 90% 的时候，独自去参加派对并作出评估，然后离开，当你的恐惧程度达到 70% 的时候再去参加派对作出评估，这就是向前迈进了一大步。下一次你可以提醒自己，只要做了，就会觉得好多了——如此你便可以逐渐克服恐惧，直到能够独自出行。这样可以积累你的信心，使你有勇气独自行动，并能应对所处情境。

3．不完美地生活着。我们很多人都渴望完美，但我们都不是完美的。这实际上是一个无法实现的目标。很多困扰和焦虑都是因迫切追求完美、不愿接受自己所犯错误而引起的。认知行为疗法的重要组成部分是学习不完美地生活，在黑白两个极端之间找到平衡点。饮食失调和有消极自我认知的人特别难以接受他们的不完美——而你能够做到。如果你使用认知行为疗法工具箱来看你即将做的事情，你会觉得虽然不尽完美，但这仍是你的生活。你为接受自己犯错所做的一切将促使你进步。

4．抓住你的"黑蝙蝠"负性思维，并继续阻止它们，把它们写下来，随时观察。如果你继续有条不紊地坚持把自己的想法记录下来，你会看到自己是怎么想的，是怎样创造自己的生活和生命故事的。你的负性思维会随着你的变化和成长而变化。你需要成为一个负性思维捕捉专家，这样就可以避免再次犯错。某天当消极的想法出现时，你将不会被其困扰也不会去相信它。相反，你会想"哎呀，又抓到一个"，可以把它写下来，也可以不去理会。

5．克服抑郁的想法。为增强你的自信心和自尊心，坚持完成一个星期哪怕是一天的活动图表。记下给你打电话或发短信的人，注意你真正做的事情。这会让你自我感觉更好些。

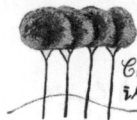

6. 遏制你的愤怒。当你积极抵制暴力、报复、故意伤害，或者当你能有效地控制别人的愤怒时，你的自尊心和自信心都会增强。注意你是如何逐渐完成那些曾经做不到的事情的。如果你正努力避免事态扩大，那么你做得很棒。

案例手记

有一次，萨拉惊讶地发现自己经常情绪低落。在治疗过程中，她说，她发现自己总是责怪自己。例如，错过了公交车时，她会骂自己："你这个白痴，怎么不早点走！"煎鸡蛋时，把鸡蛋弄破了，她会说："看吧，你什么都做不好！"

她坚持做想法记录，慢慢开始发觉她耳朵里总是萦绕着母亲的批评和责怪。当她还是小孩子的时候，母亲总是打击她，对她很苛责。"我的母亲不断打击我、责怪我，让我感觉很糟糕，"萨拉解释说，"她从来没有说过'做得好'这种话，那根本不在她的字典里。她总是严肃地批评我——不管我做什么都是错的。"萨拉发现很有必要更准确地评价自己。

她意识到其实自己煎鸡蛋时，大多数时候都没有打破鸡蛋，而且她平时也很准时，除非有特殊情况才会迟到。当她开始放松、停止自责时，她发现自己似乎一直都在追求完美。她发现自己其实大部分时间里做的事都是"正确的"，这样一来，她的自信心也慢慢增强。她及时阻止了那些可恶的、让她感到自责的声音，结果，她变得平静而快乐。

萨拉还发现自己现在很少批评女儿和丈夫了，变得平和了很多。这表明她在打破自己的固有思维，在努力改变自己。

洞察力

以下是其他一些增强自尊心的活动，做这些事情同样能让你感到愉快，并能增强你的幸福感。

● 关注健康和饮食。这并不是让你放弃享受，如果你能多吃新鲜水果和蔬菜，注意脂肪、盐和糖的摄入，你将获益匪浅。减少垃圾食品的摄入可以提高你在生活中的情绪和控制感。称一下体重，如果你决定减肥，首先须确保你的决定是理智的、冷静的，并遵医嘱。如果你确实有些胖，一星期减掉一磅左右是比较好的，你要懂得适可而止。如果你要加入一个减肥俱乐部，那首先必须确保俱乐部是规范的，例如你可以看看那儿的体重秤是否标准。

● 减少摄入（或戒掉）酒精、尼古丁、咖啡因、毒品。如果你试图利用酒精、药物或其他使人成瘾的东西逃避你所面对的困难，那么这将直接损害你的思考能力。在面对创伤或朋友／夫妻关系破裂时，"借酒消愁"也许是个极具诱惑力的办法，但这最终会让你不得不清理生活中更多的问题。我们做的很多让自己或"放松"、或"快乐"、或"冷静"的事情，实际上都是有害的，它们可能引发更多难以解决的问题。特别是当你需要情感上的支持，而依赖于某种"瘾"的时候，你将会面对更多的困难。你在记录想法时，最好冷静下来，想想什么是你能立即做到并且有把握的事情。

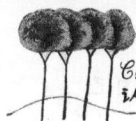

● 打扮自己。如果你情绪低落或者不堪重负，那么这问题很好解决。你不必花很多钱去理发店或者商场，只是花时间洗个澡、梳好头发、剪好指甲，就能让你好受些。当人们情绪低落时，往往会不修边幅，这时你可以买一些新衣服（甚至一些好的二手货也行）来取悦自己。对于女性来说，化个淡妆也是不错的选择。打扮自己可以让你更加自信，你在照镜子的时候也乐于接受自己，情不自禁地说："嘿，你很好！"

● 理清财务状况。如果遇到经济困难，你可以从周围的朋友或专业人士那里得到很多帮助。你得理清财务问题，因为这可以增强你的自信心。

● 参加锻炼。这个说起来容易做起来难。不过你一旦养成锻炼的习惯，你将开始享受生活，并且感觉越来越好。你的自尊心会像春天的花朵般绽放。你可以去附近的公园散步、跳舞或参加舞蹈班，做一些舒缓的锻炼，让自己保持运动状态，做这些并不需要花费很多金钱，但效果却很好。坚持运动，你可以呼吸到新鲜空气，锻炼身体。哪怕只是做一点点的家务活也可以让你活动筋骨，例如用吸尘器打扫、除尘，边做饭边听电台节目等，都是很有趣的。

自我测试

你喜欢自己什么

不要觉得什么都无所谓，积极地评价自己、欣赏自己、增强自己的自尊心都是很重要的。花时间思考一下，列出你真正重视或者喜欢的事情。想想你的大度、你的善良，或者你是如何对待动物的。也许你会喜欢自己的眼睛、头发或腿。不管怎样，对自己说一些好话，在镜子面前，试着对自己说"我很好"或"我喜欢自己"。起初，这些看起来有些傻，但却可以增强自信心，振奋精神。

写出十个你对自己最满意的地方。

承担责任

认清你真正需要承担的责任，是"改变悖论"的另一个重要组成部分。很多求助者发现自己在生活中担负了很多责任——有时候甚至是太多。焦虑和抑郁的人往往认为他们该对所有事情负责。如果一个人一直都对所有事情过于负责，他肩膀上的负荷就会过重。这会让他感到深深的内疚、羞愧和自我厌恶。

责任饼图

认知行为疗法中有一个非常有用的方法，可以帮助你计算出属于你的适当的责任水平：责任饼图。一个准确的责任饼图可以帮助你计算出真正该你负的责任，使你不再为了曾经发生的那些事而一味地自责。

以卡尔为例，如表 10-1 所示。全球气候变暖威胁人类健康，他认为自己应该为此负很大的责任。当然，不能说他对此一点儿责任也没有，因为他可以做更多的努力去循环利用或节约能源。不过，他可以在学习过认知行为疗法后先画出一个如图 10-1、图 10-2 所示的责任饼图。

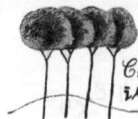

表 10-1　卡尔的 "责任表"

卡尔看到的新闻	卡尔的想法	思维误区
报道说："全球气候变暖威胁人类健康"	"这是我的错"	• 个人化归因 • 笼统概括（片面化） • 黑白思维（极端） • 心理过滤 • 怪罪他人 • 灾难宣扬

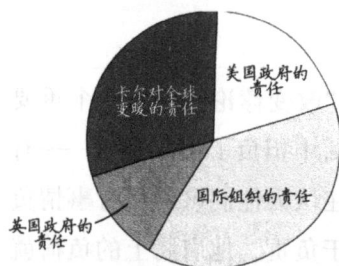

图 10-1　卡尔如何看待这一问题

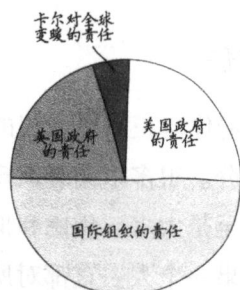

图 10-2　接受认知行为疗法后再次审视

自我测试

你的责任饼图

有没有什么事情让你感到责任重大或者不堪重负？如果所有的错都在你那里，你是否会感到内疚和糟糕透顶？

这些事情可能是失业、你的孩子正处在水深火热中、某地发生了地震、有人生病或受伤。

填写一个和卡尔类似的图表，估计你的责任份额。

如果你能准确衡量自己的责任，那么你对生活中那些困扰你，或让你着迷、愤怒、沮丧的事情就会有更多层面上的理解。如果你能这样做，你就可以放松些，感到日常生活中的责任并不是那么重，从而减少焦虑。如果你曾经觉得自己该对每件事都负100% 的责任，那么你一定要学着不再像从前那样想。

相反，有些人害怕负责任，不想承担他们在生活和个人成长过程中的责任。如果你也是这样，那就需要把这些记在你的想法记录里，并且坚持进行认知行为疗法以获得改变。

你要不断地提醒自己，你可以掌控自己的生活，可以决定是保持原样还是改变。你可能很容易就会找到借口并倒退到旧的习惯和思维模式上去，但如果你想有所改变，你就必须坚持自己的决定，改变自己的处事风格。

设立目标

认知行为疗法解决问题的一个主要方法就是：设立目标。为自己设立目标并且坚持下去是前进的主要方法。SMART 目标的含义如下。

S（Specific）：具体的——是什么、何时、何地、和谁一起；

M（Measurable）：可测量的——多少、多久一次；

A（Achievable）：能接受的——我可以接受吗？

R（Realistic）：现实的——可能性大吗？

T（Timely）：及时的——在什么时间之前？

自我测试

设计一个针对自己的科学测试

设立目标后，你需要记住：

● 界定问题（并明确表述）；

● 保持你的思想记录；

● 测试你的负性思维是否健康；

● 注意在解决这个问题时出现的思维误区；

● 关注你的诱因；

● 决定你想要在未来变成怎样以及如何做到；

● 想想你在未来遇到诱因事件的时候，要怎样才能有不同的想法和行为；

● 在你进入某种情境或者经历某件事情之前，预测你会有怎样的感觉；

● 刻意让自己置身于可能会被激发的情境中，看看你在面对挑战的时候能不能表现得或者想得不一样——这也是测试的一部分；

● 最后，记录下你进入某种情境或经历某件事情时的感觉，这些事情是不是和你想的一样，还是更简单、更好呢？把这些都记下来，并同时记录你的感觉，例如你是怎么想的？身体上有什么反应？

案例手记

布莱恩害怕公开演讲。他的老板已经明确表示，在下一次销售代表会议上，让他做一个 10 分钟的演讲。布莱恩跟老板解释说自己不想演讲，但是老板说，如果他想要晋升或者想在即将召开的管理层会议上发言，他就必须去做。

这次演讲让他度过了好几个不眠之夜。他不停地出汗、颤抖，茶不思、饭不想。就像当年他身为伴郎却从铁哥们的婚礼上逃走一样，他从房间逃跑的时候感到万分羞辱和尴尬，那是他生命中最糟糕的经历。

然而，布莱恩真的想晋升（这是他的动机），还有一部分原因是他确实想要积极应对这一挑战。所以，布莱恩决定使用认知行为疗法来练习。他知道自己不愿发言，但是，如果不改变，他就会一直这样，他也不会有所成长。他为自己设立了目标：在会议上演讲。在准备演讲时，他预估自己的恐惧程度将是 100%，这太糟糕了。

布莱恩知道他恐惧的触发器是担心自己讲不出话，正如他在那次婚礼上发生的情况一样。所以这一次，他准备了提示卡，在每张卡片上都写下他想要表达的观点，他还对着自己的狗一遍又一遍地排练。他将这事向一个朋友倾诉，朋友让他在演讲时视线掠过观众头顶，盯着房间后墙上的某一个点看。演讲当天，他在身上放了很多止汗剂（他依然担心汗水打湿衬衣）。

布莱恩的朋友说，他可以在当天给他打电话，给他精神上的支持。即使是这样，会议当天他还是紧张死了，只是在会议

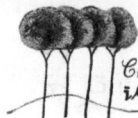

开始前给朋友发了短信，以便提醒自己始终有朋友在支持着。一到房间里布莱恩就四肢发抖，尽管这样，布莱恩还是努力让自己站在了人群面前。他很庆幸自己有提示卡，他设法让眼睛恰好掠过观众的头顶并保持微笑。他起初有些颤抖，但很快就恢复了信心，并很快看到了提示卡的末尾。他做到了！

会议结束时，掌声雷动。事后，他的老板在酒吧里拍着他的肩膀说："布莱恩，做得好！"回到家里，布莱恩填写了自己做的一个表格——这一次他的恐惧程度只有60%——下降了40%！下一次将会更简单，因为他将从60%的恐惧程度开始，恐惧感还在逐渐下降。

洞察力

有目的的改变

不断激励自己前进是很难的，就像我们经常"忘记"自己承诺过要为解决问题而采取行动。所以我们需要去咨询认知行为治疗师或参加认知行为治疗团体以便更好地应对困难。不过，如果你热衷于尝试自我帮助，你很可能会原地踏步。当然，认知行为疗法也很难保证让你在改变的路上持续前进，所以你需要做一个练习帮助自己坚持改变。下面让我们来学习一个经济学概念——"成本收益分析"。

| 成本收益分析 |

利用成本收益分析,你能准确地衡量收益(优点)和成本(缺点),以决定你是否需要继续尝试新的行为或者新的思维方式。

再看前文提到的布莱恩,因为害怕在公共场合演讲,他费了很大的劲儿才敢在工作上发表观点。如果我们要为他做一个成本收益分析,可能如表 10-2 所示。

表 10-2　布莱恩的成本收益分析表

成本(缺点)	收益(优点)
我可能会忘记我在说什么,而汗流不止	我可以用上我的提示卡和好的止汗剂
我很可能会相当紧张,并且表现出来	虽然我会感到紧张,但这可以让老板知道我能做到
我害怕看到观众	演讲时我的视线可以掠过观众的头顶,而不去看他们
如果演讲的话,我会怕得要死	只要我尝试,就是进步

自我测试

你自己的成本收益分析

你能用和布莱恩相似的方法去做一件你正在逃避的事情并且思考如何去接受挑战吗?

写下你将要面临的挑战。

現在，再審視一下你的成本和收益。在你尝试之前，用1～100的区间或者1～10的区间给这次任务打分。

然后用布莱恩使用的表格（表10-2）对你处理的任务进行成本收益分析。

你完成挑战／任务后，查看你的得分水平，并再次审查成本和收益。你可能要以你自己的经验进行新一轮的成本收益分析。

这个方法可以让你保持这样做的动机。奖励一下自己，不只是为应对挑战，也是为了实践承诺，并坚持自己的轨道。这需要花时间来适应，一段时间后，你会发现你正打算去做那些你已经放弃或者想逃避的事情。这时，你会很激动地讲述这个奇迹！

洞察力

放松、锻炼和沉思

如我们在第7章所学，研究证明，放松、锻炼和沉思是保持长寿、健康和幸福生活的关键。你可以尝试一些简单的放松技巧和锻炼方法（甚至每天10分钟的锻炼都可以增加你身体内的内啡肽）。每天晒20分钟太阳，尤其是在冬天，也能帮助你缓解不好的情绪，提高血清素和多巴胺的水平。

| 冥想和沉思 |

此外，正如我们前面所看到的，简单的冥想可以带来巨大的变化。坐在一个安静的地方，闭上你的眼睛，慢慢地吸气、吐气，脑子也随着活动，每天 15 分钟，就能够创造奇迹。我每天在写作之前都这样做，结果效率明显提高。你可以提高阿尔法脑电波（也叫伽玛波）并放慢呼吸。

正如我们在第 7 章中所学，最近有一项针对法国著名的佛教高僧马修·李卡德的大脑的研究，他在前往喜马拉雅山之前是一位解剖学专家。他坚持打坐冥想 35 年，大脑前额部分变得更加发达，其中包括那些控制同情和保持冷静的区域。

科学家理查德·戴维森（Richard Davidson）发明了很多实验，其中包括在美国的麦迪逊实验室里把马修·李卡德放在一个巨大的核磁共振成像扫描仪里的实验。他发现这个高僧的大脑和其他没有冥想的僧侣有很大区别。戴维森比较了初学修道者和李卡德的大脑，以及其他长期冥想的僧侣的大脑，他惊讶地发现，那些冥想时间最长的僧侣的伽玛波的水平是最高的。理查德·戴维森还发现：

> "冥想不仅在短期内改变大脑的运作，也很可能产生永久性的变化……其实，那些冥想时间最长的僧侣在大脑里产生的巨大变化让我们有信心去相信，精神训练法可以让人产生变化。"
>
> ——理查德，《幸福》（*Happiness*）

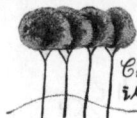

因此，通过训练使大脑产生变化，并且带来生理变化都是可能的。认知行为疗法所推广的这种训练方法可能会带来一些相似的变化，让你的思维从关注消极结果到持续关注积极的想法。

| 前进之路 |

这本书已经说过你为什么可能会考虑改变。可能有些问题正在影响你的生活：恐惧、焦虑、抑郁和愤怒，现在我们要见证你拥抱和迎接这些变化。

本书也分析了消极的思维和行为模式如何支配你的生活、阻挡你，让你消沉下去。我希望你会得到启发，并给你和你的生活带来积极的变化。我衷心希望你已经从这本书中学到认知行为疗法的一些理论和实用技巧，能从生活中领悟到更多的东西。

| 过程是最大的障碍 |

注意变化的过程中你可能会遇到下述情况。

◎ 你可能犯错。

◎ 你可能会"忘记"你曾经做的决定。

◎ 你可能屡战屡败，然后才获得成功。

◎ 你可能会花一些时间才能习惯用认知行为方法去思考和解决问题，这其实也很好。

◎ 你可能会发现很难持之以恒（也许你在过去能，但这次……）。

◎ 你需要用一些健康和快乐的方式奖励自己，比如预约一次按摩或前往海边玩、看一整夜电影、吃一块香甜的巧克力蛋糕或买一张新的 CD。

◎ 你不能让别人耽误你。有人会羡慕你总是把事情处理得井井有条，并且可能会给你使绊儿，让你觉得自己做的事是错的，不要管它们。不要纠结于你正在做的事，这是你的事业，你有权利让你的生活更美好。

◎ 求助于医生。了解一些认知行为疗法的知识，在这个过程中你会受益匪浅。也可以上网了解认知行为疗法——试着用任何可能的方式让自己保持积极的心态。

◎ 你需要不断地重新开始。你可以再试一次，每天早上都重新开始。没人会说这很简单——这不可能。但在第一道关卡就放弃，就等于不给自己机会。

◎ 你需要经常回顾这本书。着重看那些对你有用的片段，并标上记号。在你的冰箱、水壶或者电脑上贴上便签纸，或者记在你的日记或者手机里。保持运动，保持前进，继续向前，你最后就会成功。

◎ 最大的障碍在于方法。你可能会在几天后、几周后，或者几个月后失败，但是，若不做任何努力去改变你的生活，就是向你的惰性和消极颓废的思想妥协。

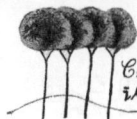

《幸福：一门新科学》(*Happiness：Lessons from a New Science*) 的作者——伦敦经济学院的理查德·莱亚德教授 (Richard Layard，马修·李卡德的一个朋友)，致力于说服英国政府训练 10 000 个认知行为疗法专家去帮助英国人民进步。他曾经写道：

> "如果没有一个远大的目标，你就不可能快乐，没有自我认知和自我接纳，你也不可能快乐。如果你觉得失落，可以向几百年前的哲学家们求助……所以，幸福是表里如一的，二者并不矛盾。真正的朝圣者在和外部世界的邪恶作斗争的同时，也在内心培养着某种精神。"

我认为他说的只是某一些事，你觉得呢？

生活中的认知行为疗法工具箱

工具 1：制订计划，并坚定改变自我的决心。

工具 2：了解自己的世界观以及如何运用它。

工具 3：发现并记录自己的消极想法。

工具 4：找到并消除自己的思维误区。

工具 5：澄清问题并进行测试。

工具 6：重新考虑一下自己的决定，并有改变自我的决心。

工具 7：战胜自身的焦虑症、恐惧症、心理创伤、强迫症和成瘾行为。

工具 8：驱散头顶的 "小黑雨云"。

工具 9：消除愤怒。

工具 10：增强自己的自信心和自尊心。